PROBLEMAS RESUELTOS PARA SER UN CRACK EN MATEMÁTICAS

2.º ESO

JUAN DIEGO SÁNCHEZ TORRES

PROBLEMAS RESUELTOS PARA SER UN CRACK EN MATEMÁTICAS

2.º ESO

JUAN DIEGO SÁNCHEZ TORRES

Problemas resueltos para ser un crack en matemáticas. 2.º ESO

Primera edición, 2025

© 2025 Juan Diego Sánchez Torres

© 2025 MARCOMBO, S. L.
   www.marcombo.com

Ilustración de cubierta: Jotaká

Maquetación: Coopera Editorial

Corrección: Mónica Muñoz

Directora de producción: M.ª Rosa Castillo

ISBN: 978-84-267-3789-2

D. L.: B 15675-2024

Impreso en Arteos

Printed in Spain

Libro ecológico
Impreso con papel procedente de bosques gestionados
de manera eficiente, libre de cloro

A Nerea y Leire

ÍNDICE

CÓMO USAR ESTE LIBRO

Como ya sabrás, este libro es diferente de otros libros de problemas resueltos. Por ello, me ha parecido adecuado incluir este apartado, con el fin de darte ideas y orientarte, para que puedas sacar el máximo partido y aproveches todas las oportunidades de aprendizaje que el libro pone a tu alcance. Por supuesto, puedes pasar de leer este apartado, pero te aconsejo que no lo hagas, pues te será de ayuda para organizar el trabajo que harás con las actividades propuestas.

Como verás, el libro está dividido en dos partes: en la primera están los enunciados de las actividades; en la segunda, las soluciones, aunque se incluyen también los enunciados, para que te resulte más cómodo de seguir, y no tengas que estar yendo de una página a otra mientras estás trabajando alguna actividad.

Desde luego, es normal que tengas la tentación de ir directamente a las soluciones. Si lo haces, no es grave, ya que podrás seguir las actividades como en los libros «normales» de problemas resueltos (encontrarás los enunciados y, seguidamente, las soluciones), pero estarás perdiendo la oportunidad de aprender mucho más. Te propongo que, antes de mirar las soluciones, leas con detenimiento los enunciados y tengas claro qué se pide en cada actividad y que, luego, intentes resolverlas, una por una. Ya verás cómo, haciéndolo así, disfrutarás más con las actividades propuestas y, además, irás teniendo más soltura a la hora de resolver problemas matemáticos. Asimismo, te recomiendo que, aunque tengas la convicción de que has resuelto correctamente las actividades, mires la solución después, ya que seguramente podrás descubrir algún detalle o algún matiz que te resultará útil para fortalecer tu capacidad para resolver problemas.

Volviendo a la estructura del libro, cada una de las dos partes (enunciados y soluciones) está dividida en tres secciones, llamadas «Para entender el problema», «Para planificar la resolución del problema» y «Para resolver el problema paso a paso y comprobar la solución». Me gustaría comentarte un poco de qué va cada sección:

• En la primera sección, «Para entender el problema», hay una gran cantidad de enunciados de problemas. Sin embargo, no se trata de que los resuelvas. Por supuesto, si quieres resolverlos (cuando sea posible), no seré yo quien te diga que no lo hagas. Pero no es lo que se pide, ya que esta primera parte tiene como finalidad que te adentres en los enunciados, que los entiendas, que los analices y que saques conclusiones de ellos, sin entrar en la resolución del problema. Por ello, encontrarás actividades en las que «solo» tendrás que indicar si el enunciado aporta todos los datos necesarios o no (y por qué), otras actividades en las que deberás averiguar si sobran datos del enunciado (y cuáles), otras en las que tendrás que deducir si hay algún dato absurdo (y cuál y por qué), otras en las que tendrás que deducir qué afirmaciones son ciertas (y por qué), otras en las que deberás rellenar los huecos en blanco del enunciado a partir de la información de la resolución, otras en las que tendrás que pensar qué pregunta se podría hacer a partir de los datos del enunciado, etc. En definitiva, son actividades para que puedas desgranar los enunciados de los problemas, pero sin entrar de lleno en su resolución.

• La segunda sección, «Para planificar la resolución del problema», está formada por actividades diversas para analizar la resolución de multitud de problemas. De nuevo, no tendrás que resolverlos, sino focalizar tu esfuerzo en desmenuzar los pasos seguidos en las resoluciones y, a la vez, analizar los razonamientos empleados y observar la manera en que se debe argumentar cuando se resuelve un problema. En este sentido, hay que tener en cuenta que resolver un problema no se limita a hacer unas cuantas operaciones; lo más importante de la resolución de un problema no son las operaciones en sí, sino las razones que llevan a hacer esas operaciones y la forma en que se justifican los pasos que se van dando. Para que puedas desarrollar la capacidad de razonar y argumentar sobre la resolución de problemas, en esta sección encontrarás actividades en las que tendrás que indicar qué enunciados se ajustan a una resolución dada, otras actividades en las que deberás emparejar correctamente algunos enunciados con sus resoluciones, otras en las que tendrás que decidir qué paso es el correcto para resolver el problema, otras en las que rellenarás los huecos en blanco de las resoluciones a partir de la información dada en los enunciados, otras en las que ordenarás los pasos dados en la resolución del problema, etc.

• Finalmente, en la tercera sección, «Para resolver el problema paso a paso y comprobar la solución», por fin podrás resolver los problemas planteados (¡seguro que ya lo estabas deseando!). De todas maneras, no te enfrentarás a ellos a solas, ya que te acompañarán las pistas o indicaciones necesarias para que vayas dando los pasos adecuados en las resoluciones, hasta completarlas y, en ocasiones, juzgar si la solución encontrada es coherente o lógica.

Por otro lado, para abordar en profundidad muchas de las actividades propuestas, te irá bien tener un cuaderno y un lápiz a mano. Te aconsejo que no te limites a resolver las actividades «de cabeza», sino que indagues en cada una de ellas y des la respuesta por escrito, de manera razonada, ordenada y justificada, para luego poder compararla con la que está en la segunda parte del libro. De este modo, gracias a un trabajo concienzudo, podrás acostumbrarte a actuar de manera sistemática cuando resuelvas un problema y expliques los pasos que has ido dando hasta llegar a la solución.

Aunque te aconsejo que recojas las soluciones en un cuaderno, si el libro es tuyo, puedes aprovechar que en muchas actividades se reserva un espacio para anotar una cruz, un número o algún dato que falte, con el fin de identificar las actividades que ya tienes resueltas y conocer a golpe de vista la solución. Sin embargo, debes tener en cuenta que este libro no es como una revista de usar y tirar, sino un objeto que podrás conservar durante toda la vida. Por ello, te recomiendo que no escribas en él con bolígrafo y que, si usas un lápiz, lo hagas de manera suave, para que se pueda borrar después. De este modo, podrás darle una segunda vida al libro, bien para ti (cuando seas mayor) o para algún familiar o amigo.

Por último, me gustaría hablarte de la posibilidad de que encuentres actividades que no puedas resolver, por necesitar de contenidos, conocimientos o saberes que aún no hayas estudiado. Si te ocurre esto y tienes muchas ganas de afrontarlas, puedes pedir ayuda a tus familiares, tus profesores o tus amigos, o incluso buscar información por tu cuenta en Internet o en algún libro. En todo caso, te propongo que no tengas prisa por hacer todas las actividades. La idea es que este libro te acompañe durante gran parte del curso, por lo que podrás ir retomando las actividades que hayas ido dejando sin hacer, conforme vayas incorporando los conocimientos necesarios. Precisamente para eso están los espacios del libro en los que puedes hacer alguna marca o escribir algo, para que te resulte más sencillo localizar las actividades pendientes.

Espero que este libro cumpla tus expectativas, y que te resulte útil y relativamente sencillo de seguir. Confío en que, después de trabajar con él, mejores notablemente tus capacidades matemáticas.

Recuerda que, si quieres seguir abordando problemas matemáticos con este método durante los próximos años, hay un libro para cada curso de la ESO.

Juan Diego

ENUNCIADOS
DE LOS PROBLEMAS

PARA ENTENDER EL PROBLEMA

1. Lee los siguientes enunciados y señala la opción correcta en cada caso. Justifica las respuestas.

> En una clase de 2.º de ESO hay 27 estudiantes, entre chicos y chicas. Los chicos representan las 3/5 partes del grupo. ¿Cuántas chicas hay?

☐ No puedo responder a la pregunta porque faltan datos.

☐ No puedo responder a la pregunta porque hay datos absurdos o sin sentido.

☐ Sí puedo responder a la pregunta, pero hay datos de sobra.

☐ Sí puedo responder a la pregunta, porque están los datos necesarios, ni más ni menos.

> A principios de mes, Ramiro tenía 3428,64 € en su cuenta bancaria. Posteriormente, le cargaron un total de 213,15 € por diversos recibos, 250 € de la tarjeta de crédito y 560 € de la hipoteca. Además, extrajo 320 € del cajero automático. El último día del mes recibió el ingreso de su nómina, por un importe de 1540 €. ¿Cuál era el saldo de su cuenta tras el abono de la nómina?

☐ No puedo responder a la pregunta porque faltan datos.

☐ No puedo responder a la pregunta porque hay datos absurdos o sin sentido.

☐ Sí puedo responder a la pregunta, pero hay datos de sobra.

☐ Sí puedo responder a la pregunta, porque están los datos necesarios, ni más ni menos.

> Gertrudis ha comprado una vivienda de 90 m^2 cuyo precio era de 145 000 €. Además, ha tenido que pagar una serie de gastos, que se corresponden con el 12 % de su precio. ¿Cuánto ha pagado Gertrudis en total?

☐ No puedo responder a la pregunta porque faltan datos.

☐ No puedo responder a la pregunta porque hay datos absurdos o sin sentido.

☐ Sí puedo responder a la pregunta, pero hay datos de sobra.

☐ Sí puedo responder a la pregunta, porque están los datos necesarios, ni más ni menos.

➤ Un avión se acerca a una zona de turbulencias, por lo que aumenta su altitud en 750 m, a fin de evitarla. Una vez pasada la zona de turbulencias, desciende 1240 m y, posteriormente, sube 180 m. ¿A qué altura se encuentra el avión en ese momento?

☐ No puedo responder a la pregunta porque faltan datos.

☐ No puedo responder a la pregunta porque hay datos absurdos o sin sentido.

☐ Sí puedo responder a la pregunta, pero hay datos de sobra.

☐ Sí puedo responder a la pregunta, porque están los datos necesarios, ni más ni menos.

➤ Las 4/5 partes de los 845 estudiantes de un instituto fueron a clase en bicicleta para celebrar el «día escolar de la bici», mientras que las 2/5 partes no usaron este medio de transporte. ¿Cuántos estudiantes fueron a clase en bicicleta ese día? ¿Cuántos no?

☐ No puedo responder a la pregunta porque faltan datos.

☐ No puedo responder a la pregunta porque hay datos absurdos o sin sentido.

☐ Sí puedo responder a la pregunta, pero hay datos de sobra.

☐ Sí puedo responder a la pregunta, porque están los datos necesarios, ni más ni menos.

➤ La resolución de la cámara fotográfica del teléfono móvil de Clara es el doble de la del de Lorena. ¿Cuál es la resolución de cada cámara fotográfica, si la suma de sus resoluciones es igual a 36 megapíxeles?

☐ No puedo responder a la pregunta porque faltan datos.

☐ No puedo responder a la pregunta porque hay datos absurdos o sin sentido.

☐ Sí puedo responder a la pregunta, pero hay datos de sobra.

☐ Sí puedo responder a la pregunta, porque están los datos necesarios, ni más ni menos.

➤ La densidad de un material es de 1,8 kg/L. ¿Cuánto pesarán 7 L de este material, sabiendo que 3 L pesan 5,4 kg?

☐ No puedo responder a la pregunta porque faltan datos.

☐ No puedo responder a la pregunta porque hay datos absurdos o sin sentido.

☐ Sí puedo responder a la pregunta, pero hay datos de sobra.

☐ Sí puedo responder a la pregunta, porque están los datos necesarios, ni más ni menos.

➤ Una cuadrilla de 16 trabajadores tarda 10 días en recoger las uvas de una viña. ¿Cuántas horas tardarían 20 trabajadores en hacer el mismo trabajo?

☐ No puedo responder a la pregunta porque faltan datos.

☐ No puedo responder a la pregunta porque hay datos absurdos o sin sentido.

☐ Sí puedo responder a la pregunta, pero hay datos de sobra.

☐ Sí puedo responder a la pregunta, porque están los datos necesarios, ni más ni menos.

➤ Un coche que circula a una velocidad de 100 km/h tarda 3 h en ir de la ciudad *A* a la ciudad *B*. ¿Cuánto tardaría en hacer el recorrido inverso si viajara a 120 km/h?

☐ No puedo responder a la pregunta porque faltan datos.

☐ No puedo responder a la pregunta porque hay datos absurdos o sin sentido.

☐ Sí puedo responder a la pregunta, pero hay datos de sobra.

☐ Sí puedo responder a la pregunta, porque están los datos necesarios, ni más ni menos.

➤ Judit pesa 54 kg y mide 1,62 m. ¿Cuál es la estatura de Sofía, si su peso es de 60 kg?

☐ No puedo responder a la pregunta porque faltan datos.

☐ No puedo responder a la pregunta porque hay datos absurdos o sin sentido.

☐ Sí puedo responder a la pregunta, pero hay datos de sobra.

☐ Sí puedo responder a la pregunta, porque están los datos necesarios, ni más ni menos.

➤ Santos se encuentra en el punto de coordenadas (8, 5). Desde allí, circulando con su ciclomotor a una velocidad de 30 km/h, hace el siguiente recorrido: 2 km al este, 6 km al sur, 3 km al oeste, 1 km al noroeste, 4 km al oeste y 5 km al norte. ¿Cuáles son las coordenadas del punto donde Santos termina su recorrido?

☐ No puedo responder a la pregunta porque faltan datos.

☐ No puedo responder a la pregunta porque hay datos absurdos o sin sentido.

☐ Sí puedo responder a la pregunta, pero hay datos de sobra.

☐ Sí puedo responder a la pregunta, porque están los datos necesarios, ni más ni menos.

> Yésica ha elaborado la gráfica de una función para mostrar la temperatura que hacía en su pueblo a las distintas horas de un día. En la gráfica se puede observar que la temperatura máxima, de 31 ºC, se alcanzó a las 16:00 h y que la mínima, de 18 ºC, se mantuvo desde las 4:00 h hasta las 6:00 h. ¿En qué momento de la tarde la temperatura era de 32 ºC, teniendo en cuenta que la gráfica está formada por tramos rectos?

☐ No puedo responder a la pregunta porque faltan datos.

☐ No puedo responder a la pregunta porque hay datos absurdos o sin sentido.

☐ Sí puedo responder a la pregunta, pero hay datos de sobra.

☐ Sí puedo responder a la pregunta, porque están los datos necesarios, ni más ni menos.

> El rodapié de una habitación rectangular mide un total de 20 m (lineales). ¿Cuál es la superficie de la habitación?

☐ No puedo responder a la pregunta porque faltan datos.

☐ No puedo responder a la pregunta porque hay datos absurdos o sin sentido.

☐ Sí puedo responder a la pregunta, pero hay datos de sobra.

☐ Sí puedo responder a la pregunta, porque están los datos necesarios, ni más ni menos.

> Un brik con forma de prisma de base cuadrada cuyo lado mide 7 cm contiene 1 L de zumo y está completamente lleno. ¿Cuál es la altura del brik?

☐ No puedo responder a la pregunta porque faltan datos.

☐ No puedo responder a la pregunta porque hay datos absurdos o sin sentido.

☐ Sí puedo responder a la pregunta, pero hay datos de sobra.

☐ Sí puedo responder a la pregunta, porque están los datos necesarios, ni más ni menos.

➤ Cada uno de los lados iguales de un triángulo isósceles mide 26 cm. Al trazar la altura correspondiente a la base del triángulo, esta queda dividida en dos segmentos, de 5 cm y 9 cm, respectivamente. ¿Cuánto mide la altura trazada?

☐ No puedo responder a la pregunta porque faltan datos.

☐ No puedo responder a la pregunta porque hay datos absurdos o sin sentido.

☐ Sí puedo responder a la pregunta, pero hay datos de sobra.

☐ Sí puedo responder a la pregunta, porque están los datos necesarios, ni más ni menos.

➤ Una lata de tomate frito tiene forma cilíndrica. El lado de la base mide 5 cm y tiene una altura de 16 cm. ¿Cuál es el volumen de la lata de tomate frito?

☐ No puedo responder a la pregunta porque faltan datos.

☐ No puedo responder a la pregunta porque hay datos absurdos o sin sentido.

☐ Sí puedo responder a la pregunta, pero hay datos de sobra.

☐ Sí puedo responder a la pregunta, porque están los datos necesarios, ni más ni menos.

➤ La sombra de un palo colocado en vertical mide 0,8 m. ¿Cuál es la altura de un obelisco que en ese momento proyecta una sombra de 5 m?

☐ No puedo responder a la pregunta porque faltan datos.

☐ No puedo responder a la pregunta porque hay datos absurdos o sin sentido.

☐ Sí puedo responder a la pregunta, pero hay datos de sobra.

☐ Sí puedo responder a la pregunta, porque están los datos necesarios, ni más ni menos.

> ➢ Begoña ha fotocopiado una lámina de tamaño DIN-A4 (210 mm × 297 mm), reduciéndola a escala. La fotocopia tiene unas dimensiones de 147 mm × 207,9 mm. ¿En qué porcentaje ha reducido Begoña la lámina al fotocopiarla?

☐ No puedo responder a la pregunta porque faltan datos.

☐ No puedo responder a la pregunta porque hay datos absurdos o sin sentido.

☐ Sí puedo responder a la pregunta, pero hay datos de sobra.

☐ Sí puedo responder a la pregunta, porque están los datos necesarios, ni más ni menos.

2. Lee los siguientes enunciados e indica si es posible contestar a cada pregunta. Justifica la respuesta.

> ➢ En una agencia de viajes, han hecho una encuesta para conocer el país europeo que prefieren sus clientes como destino turístico. Los resultados obtenidos aparecen en las tablas. ¿Cuál es la media?

País	Alemania	España	Francia	Grecia	Holanda	Italia
Número de personas	28	85	93	47	110	61

País	Portugal	Reino Unido	República Checa	Suiza	Otros
Número de personas	36	74	89	96	104

☐ Sí puedo responder a la pregunta.

☐ No puedo responder a la pregunta.

➤ En una bolsa, hay cuatro tipos de caramelos: de fresa, de manzana, de menta y de cola. ¿Cuál es la probabilidad de que, al sacar un caramelo sin mirar, sea de manzana?

☐ Sí puedo responder a la pregunta.

☐ No puedo responder a la pregunta.

➤ Valentina ha hecho girar 100 veces una ruleta formada por tres colores y ha obtenido los siguientes resultados: azul, 32 veces; rojo, 57 veces; verde, 11 veces. ¿Cuál es aproximadamente la probabilidad que tiene cada color de salir?

☐ Sí puedo responder a la pregunta.

☐ No puedo responder a la pregunta.

➤ Guillermo ha metido en una caja su colección de monedas, formada por 80 monedas de la zona euro, 12 de Reino Unido, seis de Dinamarca, 17 de Estados Unidos, tres de Brasil, cuatro de Bolivia, siete de Nueva Zelanda, cinco de Japón y seis de China. Si coge una moneda sin mirar, ¿cuál es la probabilidad de que sea de Perú?

☐ Sí puedo responder a la pregunta.

☐ No puedo responder a la pregunta.

3. Indica si las magnitudes mostradas a continuación son directamente proporcionales (D), inversamente proporcionales (I) o ni una cosa ni la otra (N).

	D	I	N
El número de ventanas y la cantidad de plantas de un edificio	○	○	○
El número de mensajes recibidos en un teléfono móvil y el tiempo invertido en leerlos	○	○	○
La velocidad de un coche y el tiempo empleado en hacer un determinado recorrido	○	○	○
La velocidad de un coche y la distancia recorrida en un determinado tiempo	○	○	○
El precio de un cuaderno y el número de cuadernos que se pueden comprar con 40 €	○	○	○
El precio de un cuaderno y el número de cuadernos vendidos en una papelería	○	○	○
La cantidad de cuadernos vendidos en una papelería y el dinero ingresado por su venta	○	○	○
La resolución de las fotografías tomadas y el número de fotografías que pueden almacenarse en la memoria de un teléfono móvil	○	○	○
El tamaño de una fotografía y la cantidad de tinta necesaria para imprimirla	○	○	○
La cantidad de lechuga empleada y el tamaño de una ensalada	○	○	○
El número de comensales y la cantidad de ensalada que cada uno toma	○	○	○
El número de horas de trabajo y el sueldo de una «limpiadora por horas»	○	○	○
El cociente entre la longitud de una circunferencia y su diámetro	○	○	○

	D	I	N
La altura de una lata de conservas y la cantidad de producto que contiene	◯	◯	◯
El número de trabajadores y la cantidad de almendras recolectadas en un día	◯	◯	◯
El número de trabajadores y el tiempo empleado en recolectar 20 000 kg de almendras	◯	◯	◯
El número de asistentes a una celebración y la cantidad de sillas necesarias	◯	◯	◯
El tiempo que tarda en llenarse un pantano y la cantidad de lluvia registrada	◯	◯	◯
El tamaño de una pelota y el número de pelotas que caben en un saco de 50 L	◯	◯	◯
Las dimensiones de un cuadro y su precio	◯	◯	◯

4. Indica si las siguientes relaciones se corresponden o no con funciones, señalando la letra «S» o la letra «N».

	S	N
Edad/peso de los estudiantes de un grupo de 2.º de ESO	◯	◯
Profesión/sueldo de los habitantes de España	◯	◯
Radio/superficie de un círculo	◯	◯
Edad/número de hermanos de los empleados de un hospital	◯	◯
Fecha/precio de las acciones de una determinada empresa	◯	◯
Extensión de un parque/número de árboles que hay en su interior	◯	◯

	S	N
Ingresos mensuales/aportaciones a Hacienda de los empresarios y autónomos	◯	◯
Modelo de teléfono móvil/precio de venta en España	◯	◯
Número de desempleados/gasto del Gobierno en prestaciones por desempleo	◯	◯
Municipios de España/litros de agua consumidos en 2023 por cada uno	◯	◯
Votos conseguidos por un partido político/escaños que le corresponden	◯	◯
Marca de champú usado/número de pelos de los habitantes de una ciudad	◯	◯

5. Observa la resolución de los siguientes problemas y rellena los huecos de sus enunciados.

> ➤ Eugenio se compró un _____ y un ordenador portátil, aprovechando que un centro comercial ofrecía un ___ % de descuento en todos los artículos. Antes de la rebaja, el precio del televisor era de ___ €, y el del ordenador, de ___ €. ¿Cuánto se gastó Eugenio en total?
>
> Para calcular el precio del televisor después de la rebaja, hallamos el 15 % de su precio inicial y restamos:
>
> $$15 \text{ \% de } 699 = \frac{15}{100} \cdot 699 = \frac{3}{20} \cdot 699 = \frac{3 \cdot 699}{20} = 104,85$$
>
> $$699 - 104,85 = 594,15 \text{ €}$$
>
> Análogamente, determinamos el precio final del ordenador portátil:
>
> $$15 \text{ \% de } 525 = \frac{15}{100} \cdot 525 = \frac{3}{20} \cdot 525 = \frac{3 \cdot 525}{20} = 78,75$$
>
> $$525 - 78,75 = 446,25 \text{ €}$$
>
> Finalmente, sumamos los resultados obtenidos:
>
> $$594,15 + 446,25 = 1040,40 \text{ €}$$
>
> **Solución:** en total, Eugenio se gastó 1040,40 €.

➤ Anselmo invirtió ___ € en comprar ___ acciones de una empresa de telecomunicaciones y ___ € en un depósito a un año de plazo, con una rentabilidad del __ % anual. Cuando venció el depósito, vendió todas las acciones,
por ___ € cada una. ¿Qué beneficio obtuvo Anselmo en total?

En primer lugar, calculamos el beneficio que obtuvo Anselmo con las
acciones:

Como compró 4000 acciones y las vendió por 6,02 € cada una, ingresó
24 080 €, pues 4000 · 6,02 = 24 080.

Ahora bien, como invirtió 23 360 € en comprarlas, para hallar el beneficio, restamos:

$$24\ 080 - 23\ 360 = 720 \text{ €}$$

En segundo lugar, calculamos el beneficio que obtuvo Anselmo con el
depósito:

$$1,7 \text{ \% de } 40\ 000 = \frac{1,7}{100} \cdot 40\ 000 = \frac{1,7 \cdot 40\ 000}{100} = 680 \text{ €}$$

Por último, sumamos los resultados obtenidos:

$$720 + 680 = 1400 \text{ €}$$

Solución: en total, Anselmo obtuvo un beneficio de 1400 €.

> ➤ ¿Qué cifra se debe colocar _____ del número ____ para obtener un número de ___ cifras que sea divisible por _ ?

Para que un número sea divisible por 9, según el criterio de divisibilidad, es necesario que la suma de sus cifras también lo sea.

Como la suma de las cifras del número 3674 es igual a 20 (claramente, 3 + 6 + 7 + 4 = 20), la cifra que debe colocarse delante tiene que ser 7, porque así, al sumar las cinco cifras, se obtiene 27, que es divisible por 9.

Solución: para obtener un número de cinco cifras que sea divisible por 9, se debe colocar delante la cifra 7.

> ➤ _____ practica deporte cada día y consume habitualmente _____ : por la mañana, toma ____ de litro; al mediodía, __ de litro; por la tarde, _ de litro; y, _____ , un pequeño vaso de ____ de litro. ¿Qué cantidad de _____ toma ____ cada día?

Para resolver el problema, sumamos la cantidad de bebida isotónica que Saúl toma en cada momento del día: por la mañana, al mediodía, por la tarde y antes de acostarse. Así, tenemos:

$$\frac{1}{8} + \frac{1}{5} + \frac{1}{3} + \frac{1}{20} = \frac{15}{120} + \frac{24}{120} + \frac{40}{120} + \frac{6}{120} = \frac{85}{120} = \frac{17}{24}$$

Solución: Saúl toma cada día 17/24 de litro de bebida isotónica.

> ➤ _____ se ha comprado un par de zapatos, unos pantalones y _____ por __ . Los zapatos le han costado ____ que _____ , y _____ , el triple. ¿Cuánto ha pagado _____ por cada prenda?

Llamamos x al precio de los pantalones. Con esta notación, el coste de los zapatos es $2x$, y el de la chaqueta, $3x$. En consecuencia, podemos plantear la ecuación:

$$2x + x + 3x = 270$$

Resolviéndola, tenemos:

$$2x + x + 3x = 270 \rightarrow 6x = 270 \rightarrow x = \frac{270}{6} \rightarrow x = 45$$

Así pues:

$$2x = 2 \cdot 45 = 90$$

$$3x = 3 \cdot 45 = 135$$

Solución: Samuel ha pagado 90 € por los zapatos, 45 € por los pantalones y 135 € por la chaqueta.

➤ _____ tiene __ años __ que su mujer, y la _____ de sus edades es igual al _____ de la ___ de las edades de _____ , quienes nacieron cuando _____ tenía _____ años. ¿Cuáles son las edades de _____ , de su mujer y de _____ ?

Llamamos x a la edad de sus dos hijos gemelos (que, lógicamente, es la misma para ambos).

Como los dos hijos gemelos nacieron cuando Marcial tenía 32 años, podemos escribir la edad de Marcial con la expresión: $x + 32$

Por otra parte, dado que Marcial tiene seis años más que su mujer, para expresar la edad de su mujer, hay que restar 6 a la edad de Marcial, resultando:

$$(x + 32) - 6 = x + 26$$

Entonces, la suma de las edades de Marcial y de su mujer se puede expresar como:

$$(x + 32) + (x + 26) = 2x + 58$$

Por otro lado, la suma de las edades de sus dos hijos gemelos es $x + x = 2x$, por lo que el doble de esta suma es: $2 \cdot 2x = 4x$

Como ambas expresiones deben ser iguales, obtenemos la ecuación:

$$2x + 58 = 4x$$

Resolviéndola, resulta:

$$2x + 58 = 4x \rightarrow 4x - 2x = 58 \rightarrow 2x = 58 \rightarrow x = \frac{58}{2} \rightarrow x = 29$$

Por tanto:

$$x + 32 = 29 + 32 = 61$$

$$x + 26 = 29 + 26 = 55$$

Solución: Marcial tiene 61 años; su mujer, 55, y sus dos hijos gemelos, 29.

➤ _____ tiene contratada una tarifa de teléfono móvil que consiste en llamadas ilimitadas y __ Gb de datos mensuales para navegar por Internet a alta velocidad por __ €/mes. Sin embargo, si agota estos ___ Gb, para continuar navegando por Internet a alta velocidad, deberá pagar __ € por cada ___ Mb de datos que consuma. Si normalmente tarda ___ días en gastar los ___ Gb contratados, ¿a cuánto asciende la factura mensual de telefonía móvil de _____ ?

> **Observa**
>
> Aunque «giga» significa un millón y «mega» significa mil, en las unidades informáticas no hay esa relación, sino una aproximación, porque se utilizan potencias de 2. Así, «mega» se corresponde con $2^{10} = 1024$, que es una aproximación de 1000.

En primer lugar, calculamos el consumo mensual de datos de Salvador, expresado en Gb. Para ello, planteamos la siguiente regla de tres simple y directa:

$$\begin{cases} 24 \text{ días} \xrightarrow{\ consume\ } 60 \text{ Gb de datos} \\ 30 \text{ días} \xrightarrow{\ consume\ } x \text{ Gb de datos} \end{cases}$$

Resolviéndola, resulta:

$$x = \frac{30 \cdot 60}{24} = 75 \text{ Gb}$$

Así pues, Salvador necesita 15 Gb extra cada mes, pues $75 - 60 = 15$.

Ahora, como 1 Gb = 1024 Mb, resulta que 15 Gb = 15 · 1024 = 15 360 Mb.

Entonces, la cantidad de veces que Salvador necesita consumir 100 Mb extra cada mes es:

$$\frac{15\,360}{100} = 153,6$$

Por tanto, el gasto extra mensual en datos de Salvador es:

$$0,03 \cdot 153,6 = 4,608 \,€$$

Redondeando a dos cifras decimales esta cantidad, resulta 4,61 €.

Finalmente, sumamos la tarifa mensual fija y el gasto mensual extra:

$$20 + 4,61 = 24,61 \,€$$

Solución: la factura mensual de telefonía móvil de Salvador asciende a 24,61 €.

➤ Artemio sale de su casa para hacer unos recados. En primer lugar, se dirige a la panadería, invirtiendo __ minutos en el trayecto y permaneciendo en ella __ minutos. A continuación, va a la carnicería, que está __ minutos más __ de su casa que la panadería, quedándose en ella __ minutos. Por último, ya de regreso a su casa, se detiene en una tienda de congelados durante ___ minutos y, ___ minutos más tarde, llega a su casa. Teniendo en cuenta que Artemio camina siempre a una velocidad de __ m/min, representa la gráfica de la función con la que se indica la distancia a la que Artemio se encuentra de su casa, dependiendo del tiempo.

A partir de los datos del enunciado, obtenemos esta gráfica:

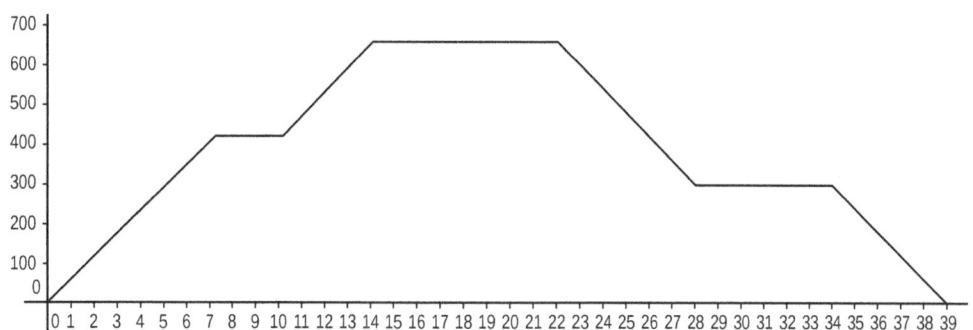

> ➤ Un agricultor pretende labrar un terreno de ___ m de ancho y ___ m de largo, usando un tractor que, al desplazarse, puede arar una franja de ___ m de anchura. Para ello, el agricultor decide moverse en todo momento en línea recta, en paralelo al lado _____ de la parcela. ¿Qué distancia total, expresada en _____ , recorrerá el agricultor con el tractor para labrar el terreno, sin tener en cuenta las maniobras que tenga que realizar para cambiar de sentido al llegar a un extremo de la parcela?

Como el agricultor se desplaza en paralelo al lado mayor de la parcela, en cada trayecto que realice de un extremo a otro, habrá labrado una franja de 4 m de ancho y 700 m de largo.

Por otro lado, para calcular cuántos trayectos de este tipo deberá realizar a fin de arar completamente el terreno, hay que dividir su anchura entre la de la franja que puede labrar al pasar con el tractor, resultando:

$$\frac{400}{4} = 100$$

Así pues, para labrar el terreno entero, el agricultor tendrá que realizar 100 trayectos de 700 m cada uno, por lo que en total recorrerá 70 000 m, ya que $100 \cdot 700 = 70\ 000$.

Finalmente, expresamos el resultado obtenido en kilómetros, como se pide en el enunciado:

$$70\ 000 \text{ m} = 70 \text{ km}$$

Solución: el agricultor recorrerá con el tractor una distancia total de 70 km.

➢ Un tren de mercancías está compuesto por _____ vagones, cada uno de los cuales mide ___ m de largo, ___ m de ancho y ___ m de alto. Determina la superficie del suelo de cada vagón y la capacidad total del tren. Expresa los resultados con ___ cifras decimales.

Para calcular la superficie del suelo de cada vagón, multiplicamos sus dos dimensiones, resultando:

$$S = 12{,}722 \cdot 2{,}911 = 37{,}033742 \text{ m}^2$$

Ahora, multiplicando el resultado anterior por la altura, obtenemos la capacidad de cada vagón:

$$V = S \cdot h = 37{,}033742 \cdot 2{,}25 = 83{,}3259195 \text{ m}^3$$

Finalmente, para hallar la capacidad total del tren, multiplicamos este resultado por el número de vagones:

$$83{,}3259195 \cdot 16 = 1333{,}214712 \text{ m}^3$$

Antes de responder a las cuestiones planteadas, redondeamos los valores obtenidos con tres cifras decimales:

$$37{,}033742 \text{ m}^2 \approx 37{,}034 \text{ m}^2$$

$$1333{,}214712 \text{ m}^3 \approx 1333{,}215 \text{ m}^3$$

Solución: el suelo de cada vagón tiene una superficie de 37,034 m². La capacidad total del tren es de 1333,215 m³.

6. Lee los siguientes enunciados y escribe, para cada uno de ellos, dos preguntas que puedan responderse con los datos aportados.

➢ Estas son las temperaturas mínimas registradas cierto día en seis capitales europeas.

Ciudad	Temperatura mínima
Ámsterdam	–4 °C
Londres	–3 °C
París	2 °C
Praga	5 °C
Roma	1 °C
Varsovia	–9 °C

Dos posibles preguntas son:

➢ De los 740 estudiantes de un instituto, las 7/10 partes están en la ESO, 124 estudian Bachillerato y el resto, Ciclos Formativos.

Dos posibles preguntas son:

➢ Luisa tiene en su monedero un total de 13 monedas, por valor de 9 €. Solo tiene dos tipos de monedas: de 1 € y de 20 céntimos.

Dos posibles preguntas son:

➢ El administrativo de una empresa debe archivar las facturas en carpetas con capacidad para 150 folios. La semana pasada tuvo que contabilizar y archivar 423 facturas.

Dos posibles preguntas son:

➢ Paula puso en venta su antiguo coche por 7500 €. Como no consiguió venderlo durante los primeros dos meses, decidió rebajarlo un 8 %.

Dos posibles preguntas son:

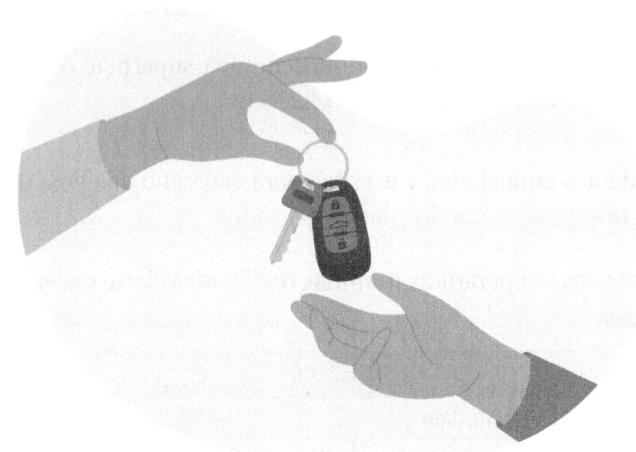

➢ Antonio tiene 75 € menos que Leticia y, entre los dos, disponen de 843 €.

Dos posibles preguntas son:

➤ Cristina le ha preguntado a cada uno de sus compañeros de clase cuál es su color favorito, y ha recogido sus respuestas (y la de ella misma) en esta tabla.

Color	Amarillo	Azul	Blanco	Marrón	Naranja	Negro	Rojo	Verde
Número de compañeros	3	6	1	1	4	2	7	5

Dos posibles preguntas son:

➤ Roberto gasta en carburante para su coche 150 € mensuales; Dionisio, 100 €; Margarita, 170 €; Amanda, 190 €; y Manuel, 80 €.

> Las preguntas para este enunciado deben estar relacionadas con la estadística.

Dos posibles preguntas son:

➤ Kevin es el portero titular de un equipo de fútbol de segunda división. Durante los entrenamientos, Kevin paró 210 de los 500 penaltis que le lanzaron, ninguno de los cuales iba dirigido fuera de la portería.

> Las preguntas para este enunciado deben estar relacionadas con el cálculo de probabilidades.

Dos posibles preguntas son:

➢ Nayla extrae una bola, sin mirar, de una urna que contiene cuatro bolas azules y cinco rojas.

Dos posibles preguntas son:

➢ Gabriel realiza un experimento aleatorio cuyo espacio muestral es $\Omega = \{1, 2, 3, 4, 5, 6, 7, 8, 9, 10, 11, 12\}$, teniendo cada resultado una probabilidad distinta de ocurrir. A Gabriel le interesan los sucesos *A = {obtener un resultado par}* y *B = {obtener un resultado impar}*.

Dos posibles preguntas son:

➢ Carlos lanza simultáneamente una moneda de 1 € y una de 50 céntimos.

Dos posibles preguntas son:

➢ Una escalera de 6 m de longitud se apoya en una pared, quedando su base a 2 m de ella. Los 19 escalones que la forman están igualmente separados entre sí, y no hay ninguno justo en los extremos de la escalera.

Dos posibles preguntas son:

➢ Un arquitecto ha diseñado un edificio de 30 pisos de altura cuya planta es un heptágono regular de 20 m de lado y 20,77 m de apotema.

Dos posibles preguntas son:

➢ El perímetro de un hexágono regular mide 90 cm.

Dos posibles preguntas son:

➢ Un ring de boxeo mide 5,3 m de ancho y 6,1 m de largo. El cuadrilátero está rodeado por tres cuerdas.

Dos posibles preguntas son:

➢ El aparcamiento de un centro comercial tiene 2500 plazas, cada una de las cuales mide 4,6 m de largo y 2,5 m de ancho. Además, hay 9000 m² destinados a carriles para que los vehículos puedan circular en su interior.

Dos posibles preguntas son:

➢ El diámetro de una pelota mide 26 cm.

Dos posibles preguntas son:

➢ La parte superior de la torre de un castillo tiene forma cónica. La altura de este cono es de 8 m, y el radio de la base mide 3 m.

Dos posibles preguntas son:

➢ Una comunidad de vecinos ha decidido pintar el interior de la piscina de los adultos, que tiene 20 m de largo, 8 m de ancho y 1,8 m de profundidad. El precio ofrecido por la empresa de mantenimiento de piscinas es de 7 €/m^2.

Dos posibles preguntas son:

7. Escribe la expresión algebraica correspondiente a los siguientes enunciados, como se muestra en el ejemplo.

> **Ejemplo:**
> El precio de cierta cantidad de pantalones, si cada uno cuesta 27 €: $27x$

➢ El área de un rectángulo cuyo largo es 5 cm mayor que su ancho.

➢ La diferencia entre el cubo de un número y su triple.

➢ La media aritmética de un número y su cuadrado.

➢ El precio de una mesa, añadiendo el 21 % de IVA.

➢ La edad que tendrá Laura dentro de 12 años.

➢ La edad que tenía Raúl hace nueve años.

➢ Los minutos que hay en cierta cantidad de horas.

➢ Las horas que hay en cierta cantidad de días.

➢ El producto de tres números naturales consecutivos.

➢ El cociente entre un número natural y su antecesor.

➢ El perímetro de un octógono regular.

➢ El número de palmos que hay en cierta cantidad de centímetros, teniendo en cuenta que un palmo son 20 cm.

➢ El salario mensual de un comercial que tiene un sueldo fijo de 900 € y gana 15 € por cada producto que vende.

➢ La altura de un paracaidista que se lanza desde 3000 m y desciende 2 m cada segundo.

➢ La cantidad de metros cúbicos de agua que hay en un depósito cilíndrico de 3 m de radio, dependiendo de la altura alcanzada por el agua.

➢ El número aproximado de personas que hay en un concierto celebrado en un recinto cuadrado, teniendo en cuenta que hay una media de cuatro personas por metro cuadrado.

➢ La distancia a la que se encuentra de la meta un corredor de maratón (42 km) que va a una velocidad constante de 18 km/h.

➢ La mitad de la suma de un número y su quíntuple.

➢ La hipotenusa de un triángulo rectángulo isósceles.

➢ El número de sillas que hay en un salón de celebraciones, sabiendo que hay ocho sillas en cada mesa y otras 20 apiladas en el almacén.

8. En una campaña electoral, un partido político propone que cada familia pague una cantidad de impuestos dependiendo de sus ingresos brutos anuales per cápita, según se muestra en la tabla.

Ingresos brutos anuales per cápita	Porcentaje de impuestos que la familia debe pagar
Menos de 4000 €	0 %
Entre 4000 € y 6000 €	2 %
Entre 6001 € y 8000 €	3 %
Entre 8001 € y 10 000 €	5 %
Entre 10 001 € y 11 000 €	8 %
Entre 11 001 € y 12 500 €	10 %
Entre 12 501 € y 15 000 €	12 %
Entre 15 001 € y 18 000 €	15 %
Entre 18 001 € y 22 000 €	17 %
Entre 22 001 € y 27 000 €	18 %
Entre 27 001 € y 35 000 €	20 %
Entre 35 001 € y 50 000 €	22 %
Entre 50 001 € y 100 000 €	25 %
Entre 100 001 € y 200 000 €	30 %
Más de 200 000 €	40 %

a) Los ingresos brutos anuales de la familia López son de 19 000 €, y los de la familia García, de 20 000 €. Aplicando esta propuesta, ¿tendrán que pagar las dos familias el mismo porcentaje de impuestos? Argumenta la respuesta.

b) Con esta propuesta, ¿sería posible que una familia con unos ingresos brutos anuales de 40 000 € no tuviera que pagar impuestos? Justifica la respuesta.

c) Si se aplicara esta propuesta, ¿qué porcentaje de impuestos tendría que pagar una familia formada por tres miembros con unos ingresos brutos anuales de 15 000 €? ¿Por qué?

d) ¿Y una familia de cinco miembros, con unos ingresos brutos anuales de 30 000 €?

e) ¿Sería posible determinar la cantidad que el Gobierno recaudaría de impuestos siguiendo este método? Argumenta la respuesta.

f) ¿Y calcular el porcentaje medio de impuestos que pagaría cada familia? Argumenta la respuesta.

g) Gema vive sola y gana 18 000 € brutos anuales. En su empresa, le han ofrecido la posibilidad de trabajar tres días festivos al año, ingresando así 300 € brutos más cada año. ¿Le interesa aceptar esta oferta? ¿Por qué?

PARA PLANIFICAR LA RESOLUCIÓN DEL PROBLEMA

9. Observa la resolución y señala los enunciados que podrían resolverse de este modo. Para los enunciados que no puedan resolverse así, explica la razón.

Si llamamos x a la cantidad que queremos calcular, se cumple la ecuación:

$$31 + x = 3 \cdot (5 + x)$$

Resolviéndola, resulta:

$$31 + x = 3 \cdot (5 + x) \rightarrow 31 + x = 15 + 3x \rightarrow x - 3x = 15 - 31 \rightarrow$$

$$-2x = -16 \rightarrow x = \frac{-16}{-2} \rightarrow x = 8$$

Solución: el número que da respuesta a la pregunta es 8.

☐ Miguel tiene 31 años, y su hija, cinco. ¿Cuántos años tienen que pasar para que Miguel tenga el triple de la edad de su hija?

☐ A las 17:00 h de un día de mayo, la temperatura en Sevilla era de 31 °C, mientras que en Oslo era de 5 °C. Una hora después, la temperatura en Sevilla había bajado la misma cantidad de grados que los que había subido en Oslo. En ese momento, la temperatura en Sevilla era justo el triple de la temperatura en Oslo. ¿En cuántos grados varió la temperatura en estas dos ciudades?

☐ En una localidad hay dos concesionarios de coches de la misma marca: el A y el B. El concesionario A ha permanecido cerrado por vacaciones durante una semana y dispone de 31 vehículos, mientras que el B solo tiene cinco, pues ha vendido muchos durante esa semana. Para aumentar su *stock*, se transportan varios coches del concesionario A al B, hasta que este tiene el triple de vehículos que el A. ¿Cuántos coches se han transportado del concesionario A al B?

☐ Patricia escribe con la letra muy grande, y Pablo, con la letra muy pequeña. Un día decidieron comprobar la diferencia, para lo cual los dos copiaron a mano el mismo texto, que ocupaba varios folios al escribirlo con ordenador. El resultado fue que Pablo necesitó cinco folios más que el ordenador, mientras que Patricia usó el triple de folios que Pablo, empleando 31 más que el ordenador. ¿Cuántos folios ocupaba el texto escrito con ordenador?

☐ En una tienda de electrónica, un videojuego cuesta 31 €, y un *pendrive*, 5 €. Alberto compró un videojuego y un ratón, y se gastó lo mismo que Manuela, quien compró tres *packs* formados por un *pendrive* y un ratón. ¿Cuál es el precio del ratón?

10. Relaciona cada una de estas resoluciones con el enunciado adecuado. Para ello, escribe el número correspondiente en cada recuadro en blanco. Ten en cuenta que puede haber resoluciones que no se correspondan con ningún enunciado, y viceversa.

1 Para resolver el problema, realizamos las siguientes operaciones combinadas:

$$23 + 5 - (4 - 16 - 7) + 8 = 36 - (4 - 23) =$$
$$= 36 - (-19) = 36 + 19 = 55$$

Por tanto, el número que responde a la pregunta es 55.

2 Para resolver el problema, realizamos estas operaciones:

$$23 + 4 + 7 - 8 = 34 - 8 = 26$$

Por tanto, el número que responde a la pregunta es 26.

3 Por una parte, calculamos la suma:

$$23 + 5 + 16 = 44$$

Por otra parte, efectuamos esta:

$$4 + 7 + 8 = 19$$

Finalmente, restamos los resultados obtenidos:

$$44 - 19 = 25$$

Por tanto, el número que responde a la pregunta es 25.

4 Para resolver el problema, realizamos estas operaciones combinadas:

$$23 + 5 - 4 + 16 - 7 + 8 = 52 - 11 = 41$$

Por tanto, el número que responde a la pregunta es 41.

5 Por una parte, realizamos la suma: $23 + 5 + 8 = 36$

Por otra parte, efectuamos esta: $4 + 16 + 7 = 27$

Finalmente, restamos los resultados obtenidos: $36 - 27 = 9$

Por tanto, el número que responde a la pregunta es 9.

6 Para resolver el problema, efectuamos las siguientes operaciones combinadas:

$$23 + 5 + 4 + 7 - 8 = 39 - 8 = 31$$

Por tanto, el número que responde a la pregunta es 31.

7 Para resolver el problema, realizamos estas operaciones:

$$23 + 5 + 4 - 16 + 7 - 8 = 39 - 24 = 15$$

Por tanto, el número que responde a la pregunta es 15.

☐ Marta tenía 23 € y se encontró un billete de 5 € en la calle. Luego, se gastó 4 € en una revista, 16 € en un bolso y 7 € en una pulsera. Por la noche, su madre le dio 8 €. ¿Cuánto dinero tenía Marta al final del día?

☐ Un autobús sale de la estación de origen con 23 viajeros a bordo. En la primera parada suben cinco personas, en la segunda bajan cuatro, en la tercera suben 16, en la cuarta bajan siete y en la quinta suben ocho. La siguiente parada es la última y, en ella, bajan todos los pasajeros. ¿Cuántos viajeros quedan en el autobús al llegar a esta última parada?

☐ Aurora trabaja en la planta 23 de un edificio de oficinas, pero tiene que desplazarse para asistir a varias reuniones: para la primera, sube cinco plantas; para la segunda, sube otras cuatro; desde allí, baja 16 plantas para ir a la tercera reunión; luego, baja siete plantas para asistir a la cuarta; y, finalmente, sube ocho plantas para estar en la quinta y última reunión. ¿En qué planta se celebra esta última reunión?

☐ A las 7:00 h, la temperatura era de 23 ºC y, cinco horas más tarde, había subido 4 ºC. A las 16:00 h, había 7 ºC más que al mediodía y, a partir de entonces, la temperatura fue descendiendo, hasta que, a las 23:00 h, había bajado 8 ºC. ¿Qué temperatura hacía en ese momento?

11. Relaciona cada gráfica con el enunciado adecuado. Para ello, escribe el número correspondiente en cada recuadro en blanco. Ten en cuenta que hay enunciados que no se corresponden con ninguna gráfica.

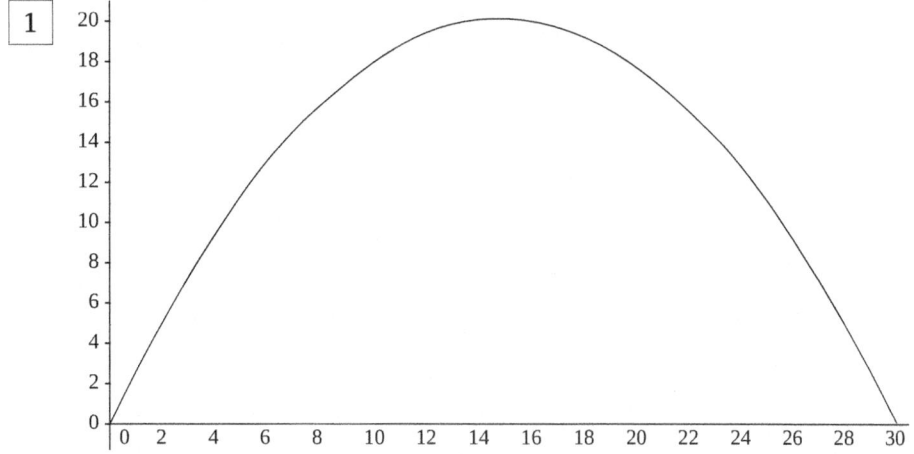

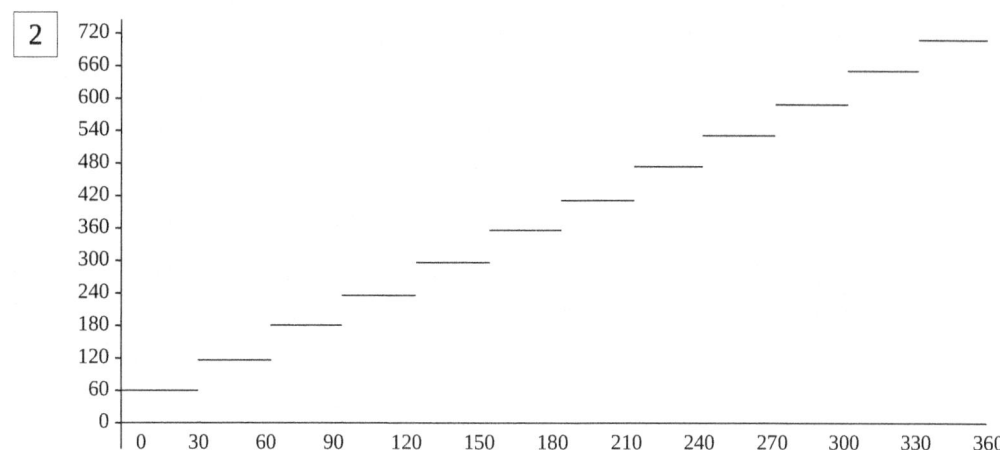

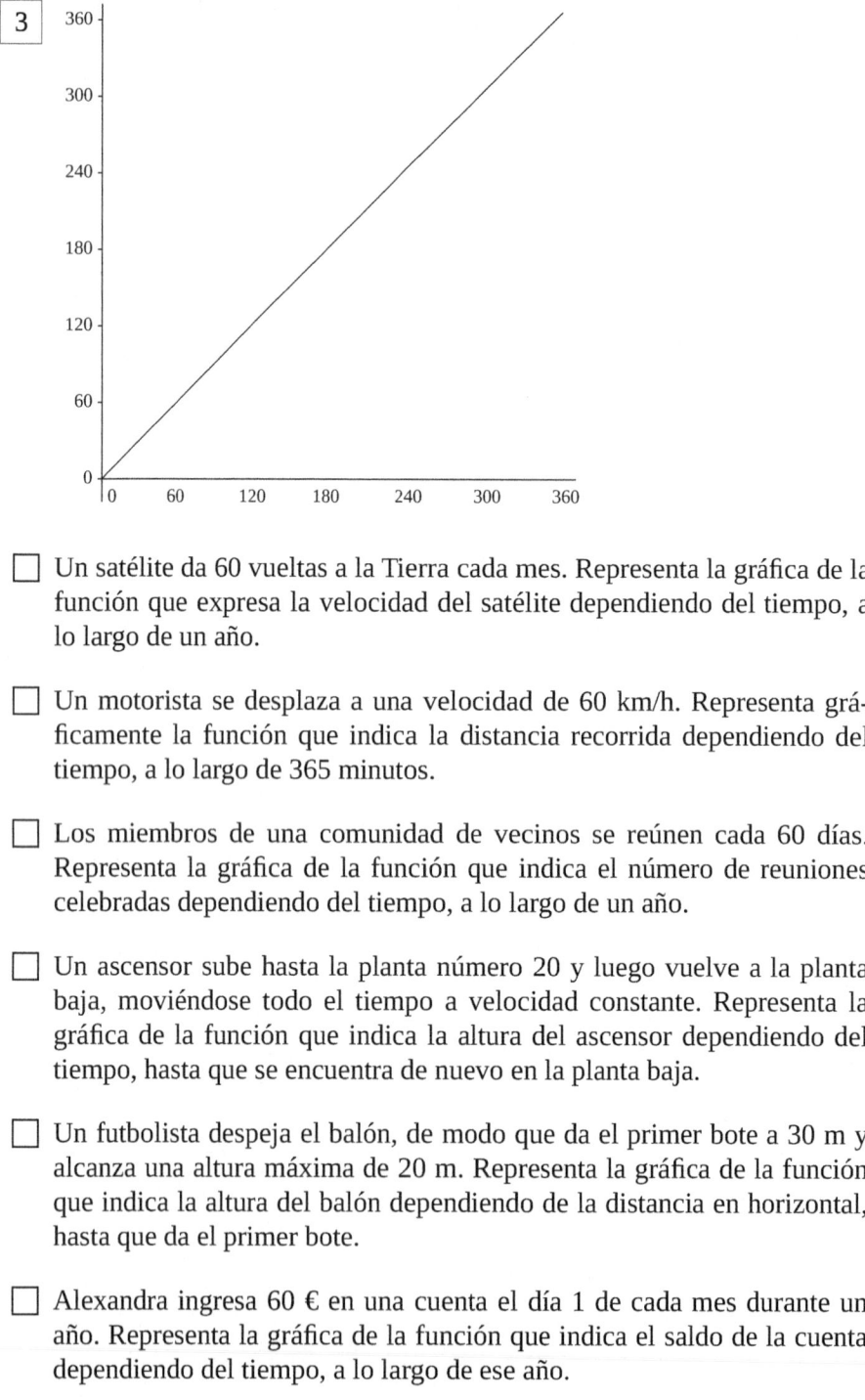

☐ Un satélite da 60 vueltas a la Tierra cada mes. Representa la gráfica de la función que expresa la velocidad del satélite dependiendo del tiempo, a lo largo de un año.

☐ Un motorista se desplaza a una velocidad de 60 km/h. Representa gráficamente la función que indica la distancia recorrida dependiendo del tiempo, a lo largo de 365 minutos.

☐ Los miembros de una comunidad de vecinos se reúnen cada 60 días. Representa la gráfica de la función que indica el número de reuniones celebradas dependiendo del tiempo, a lo largo de un año.

☐ Un ascensor sube hasta la planta número 20 y luego vuelve a la planta baja, moviéndose todo el tiempo a velocidad constante. Representa la gráfica de la función que indica la altura del ascensor dependiendo del tiempo, hasta que se encuentra de nuevo en la planta baja.

☐ Un futbolista despeja el balón, de modo que da el primer bote a 30 m y alcanza una altura máxima de 20 m. Representa la gráfica de la función que indica la altura del balón dependiendo de la distancia en horizontal, hasta que da el primer bote.

☐ Alexandra ingresa 60 € en una cuenta el día 1 de cada mes durante un año. Representa la gráfica de la función que indica el saldo de la cuenta dependiendo del tiempo, a lo largo de ese año.

12. Relaciona cada construcción geométrica con el enunciado adecuado. Para ello, escribe el número correspondiente en cada recuadro en blanco. Ten en cuenta que hay construcciones geométricas que no se corresponden con ningún enunciado, y viceversa.

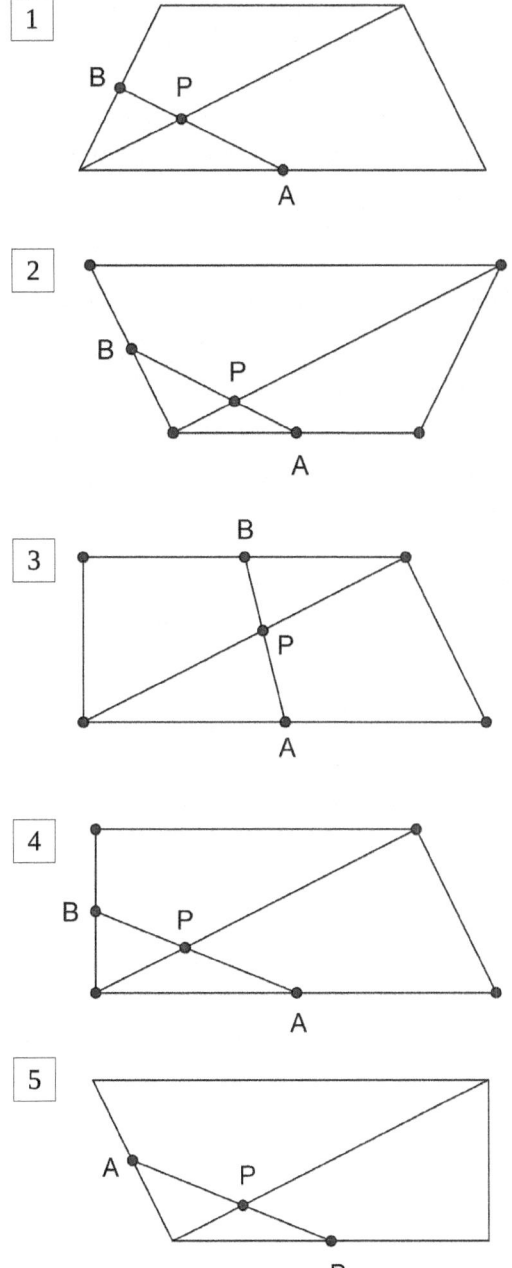

☐ En un trapecio rectángulo, se denota por *A* el punto medio de la base mayor, y por *B*, el punto medio del lado perpendicular a las bases. Se considera el punto *P*, que es la intersección del segmento *AB* con una diagonal del trapecio.

☐ En un trapecio rectángulo, se denota por *A* el punto medio de la base mayor, y por *B*, el punto medio del lado oblicuo. Se considera el punto *P*, que es la intersección del segmento *AB* con una diagonal del trapecio.

☐ En un trapecio isósceles, se denota por *A* el punto medio de la base mayor, y por *B*, el punto medio de uno de los lados oblicuos. Se considera el punto *P*, que es la intersección del segmento *AB* con una diagonal del trapecio.

☐ En un trapecio isósceles, se denota por *A* el punto medio de la base mayor, y por *B*, el punto medio de la base menor. Se considera el punto *P*, que es la intersección del segmento *AB* con una diagonal del trapecio.

☐ En un trapecio isósceles, se denota por *A* el punto medio de uno de los lados oblicuos, y por *B*, el punto medio de una de las bases. Se considera el punto *P*, que es la intersección del segmento *AB* con una diagonal del trapecio.

☐ En un trapecio isósceles, se denota por *A* el punto medio de la base menor, y por *B*, el punto medio de uno de los lados oblicuos. Se considera el punto *P*, que es la intersección del segmento *AB* con una diagonal del trapecio.

☐ En un trapecio rectángulo, se denota por *A* el punto medio del lado oblicuo, y por *B*, el punto medio del lado perpendicular a las bases. Se considera el punto *P*, que es la intersección del segmento *AB* con una diagonal del trapecio.

13. Completa los huecos que hay en la resolución de los siguientes problemas.

➢ Una productora cinematográfica realizó un *casting*, al que se presentaron 276 personas. En la primera fase, eliminaron a las 7/12 partes de los candidatos y, en la segunda, a las 4/5 partes de quienes superaron la primera fase. ¿Cuántas personas eliminaron en cada fase? ¿Cuántas superaron las dos?

En primer lugar, calculamos el número de candidatos que eliminaron en la primera fase:

_____

Así pues, para hallar el número de personas que superaron esta primera fase, tenemos que ___ , resultando:

_____

Ahora, calculamos la cantidad de aspirantes que eliminaron en la segunda prueba:

_____

Por último, determinamos el número de personas que superaron esta segunda prueba, para lo cual hay que ___ :

_____

Solución: en la primera fase eliminaron a ___ personas, y, en la segunda, a ___ . Hubo ___ personas que superaron las dos fases.

> ➤ Una furgoneta puede transportar un máximo de 1750 kg. En un determinado momento, en su interior hay 42 cajas de 15 kg cada una, ocho bidones de 25 kg, 14 barras metálicas de 27 kg, cinco sacos de 50 kg, una bobina de 90 kg y cuatro chapas de 36 kg. El conductor quiere colocar también varios botes de 6 kg. ¿Cuántos de estos botes podrá colocar, como máximo?

En primer lugar, calculamos el peso total de la mercancía de la que hay más de una unidad:

— El peso total de las ____ es: 42 · 15 = 630 kg

— El de los bidones: _____ kg

— El de las barras metálicas: _____ kg

— El de los ___ : 5 · 50 = 250 kg

— Y el de las chapas: _____ kg

Así pues, contando también los __ kg de la ____ , el peso total de la carga de la furgoneta es:

_____ = ____ kg

Por tanto, aún se pueden colocar __ kg, que es la diferencia entre el peso máximo y el total de la carga.

Para saber el número de botes que podrá colocar el conductor, _____ el resultado anterior por _ , que es lo que pesa cada bote:

_____

Ahora bien, como el número de botes no puede tener decimales (porque debe ser un número ____), nos quedamos con la parte entera, es decir, con el número que está delante de la coma, resultando ser __ .

Solución: el conductor de la furgoneta podrá colocar _____ botes, como máximo.

➢ Un agricultor necesita siete sacos, de 20 kg cada uno, de un producto fitosanitario cuyo precio es de 1,15 €/kg, para tratar un cultivo con una extensión de 4 ha. ¿Cuánto dinero tendrá que invertir en este producto otro agricultor que posee un cultivo de 9 ha?

En primer lugar, calculamos la cantidad de kilogramos que gasta el primer agricultor. Para ello, tenemos que _____ el número de sacos que necesita por el peso de cada uno:

_____ = __ kg

Ahora, hallamos los kilogramos que necesitará el segundo agricultor, cuyo cultivo tiene una extensión de __ ha, para lo cual planteamos la siguiente regla de tres simple y _____ :

_____

Resolviéndola, resulta:

_____ kg

Por último, tenemos que _____ la cantidad de kilogramos que precisa el segundo agricultor por el precio de cada kilogramo:

_____ €

Solución: el otro agricultor tendrá que invertir _____ € en este producto.

➢ Arantxa dedicó cinco horas diarias durante nueve días a leer una novela, a razón de 10 páginas cada hora. ¿Cuánto tiempo le llevará a Eva leer la misma novela, si tiene previsto dedicar tres horas al día y es capaz de leer 15 páginas cada hora?

Llamamos x al número de días que invertirá Eva en leer la novela. Entonces, a partir de los datos del enunciado, podemos plantear la siguiente regla de tres _____ :

$$\begin{cases} \text{Arantxa}: 5 \text{ h diarias} \xrightarrow{\text{leyendo cada hora}} 10 \text{ páginas} \xrightarrow{\text{tarda}} 9 \text{ días} \\ \text{Eva}: 3 \text{ h diarias} \xrightarrow{\text{leyendo cada hora}} 15 \text{ páginas} \xrightarrow{\text{tarda}} x \text{ días} \end{cases}$$

Por una parte, observamos que las magnitudes «*número de días que tarda en leer la novela*» y «*número de páginas que lee cada hora*» son _____ proporcionales; y, por otra, vemos que las magnitudes «*número de días que tarda en leer la novela*» y «*cantidad de horas que lee cada día*» son _____ proporcionales. Por tanto, la regla de tres _____ proporciona la siguiente igualdad:

_____

Despejando y operando, resulta:

_____ días

Solución: a Eva le llevará __ días leer la misma novela.

➢ Gustavo tiene dos barajas españolas, con 40 cartas cada una. Si extrae al azar una carta de cada baraja, ¿cuál es la probabilidad de que al menos una de ellas sea un rey?

Consideramos los sucesos A = {*La carta extraída de la primera baraja es un rey*} y B = {*La carta extraída de la segunda baraja es un rey*}.

Con esta notación, el problema consiste en calcular la probabilidad del suceso $A \cup B$, para lo cual utilizamos la fórmula:

$$P(A \cup B) = P(A) + P(B) - P(A \cap B)$$

Así pues, basta con calcular cada uno de estos términos, como haremos a continuación.

Dado que en la primera baraja hay ___ cartas, de las que ___ son reyes, aplicando la regla de Laplace, resulta que la probabilidad de A es:

_____

Razonando de la misma manera con la segunda baraja, tenemos que la probabilidad de B es:

_____

Ahora, necesitamos hallar la probabilidad del suceso $A \cap B$. Si bien puede parecer un cálculo complicado, solo hay que tener en cuenta que, al tratarse de dos sucesos independientes (el resultado al sacar una carta de una baraja no afecta de ninguna manera al resultado de la extracción en la otra baraja), se verifica la igualdad:

$$P(A \cap B) = P(A) \cdot P(B)$$

Por tanto:

_____

Sustituyendo los valores calculados en la fórmula que habíamos escrito al principio, resulta:

_____

Solución: la probabilidad de que, al sacar una carta de cada baraja, haya al menos un rey es igual a __ .

➢ Gustavo junta las dos barajas y extrae una carta al azar. ¿Cuál es la probabilidad de que sea un rey?

Si Gustavo junta las dos barajas, se forma un mazo con __ cartas, de las que __ son reyes. Por tanto, la probabilidad de que la carta extraída sea un rey es:

_____

Solución: la probabilidad de que, al juntar las dos barajas, la carta extraída sea un rey es igual a __ .

➢ Imagina que la carta extraída por Gustavo no era un rey, que la deja aparte del mazo y que saca otra carta al azar. ¿Cuál es ahora la probabilidad de que sea un rey?

Si Gustavo deja una carta aparte, en el mazo formado por las dos barajas quedan __ cartas, de las que __ son reyes. Entonces, la probabilidad de que la carta extraída sea un rey es:

_____

Solución: la probabilidad de que la nueva carta extraída sea un rey es igual a ____ .

➢ Isaac quiere confeccionar un mantel para una mesa de 2,5 m de largo y 1,4 m de ancho. Ha decidido que el mantel debe colgar 30 cm por el lado más corto de la mesa y 25 cm por el lado más largo. ¿Cuánto le costará la tela para el mantel, teniendo en cuenta que su precio es de 9 €/m²?

En primer lugar, realizamos un dibujo incluyendo los datos del enunciado, para aclarar la situación.

_____

A continuación, expresamos en metros las medidas dadas en centímetros:

__ cm = __ m

__ cm = __ m

Ahora, calculamos las dimensiones de la tela:

— Largo: _____ m

— Ancho: _____ m

Por tanto, la superficie de tela necesaria es:

_____ m²

Finalmente, calculamos su precio, para lo cual tenemos que _____ el resultado anterior por el precio de cada metro cuadrado de tela:

_____ €

Solución: la tela para el mantel le costará ___ €.

> Un camión cisterna tiene un depósito cilíndrico de 4 m de longitud y 1,8 m de alto, totalmente lleno de un producto químico cuyo precio es de 2,45 €/L. ¿Cuál es el precio de la carga del camión cisterna?

En primer lugar, vamos a calcular el volumen del depósito cilíndrico, para lo cual tenemos que usar la fórmula:

$V =$ _____

Como el depósito está tumbado, la longitud de 4 m se corresponde con la ____ del cilindro, mientras que el alto de 1,8 m representa el diámetro de la base. Así pues, el radio de la base mide:

_____ m

Sustituyendo estos datos en la fórmula, tomando 3,14 como aproximación del número π y operando, resulta:

$V =$ _____ = _____ m^3

Ahora, como 1 m^3 se corresponde con ___ L, para determinar la cantidad de litros que caben en el depósito, tenemos que _____ estos dos últimos números, resultando:

_____ L

Finalmente, hallamos el precio de la carga, teniendo en cuenta el resultado anterior y el dato del enunciado:

_____ €

Solución: el precio de la carga del camión cisterna es de _____ €.

14. Observa el enunciado y la resolución de estos problemas y completa lo que falta en cada caso.

   ➤ Un triángulo rectángulo, cuyos catetos miden respectivamente __ cm y ___ cm, es semejante a otro triángulo en el que la hipotenusa mide __ cm. ¿Cuál es la longitud de los catetos de este último triángulo?

   Antes de efectuar los cálculos, realizamos un dibujo incluyendo los datos del enunciado, para aclarar la situación.

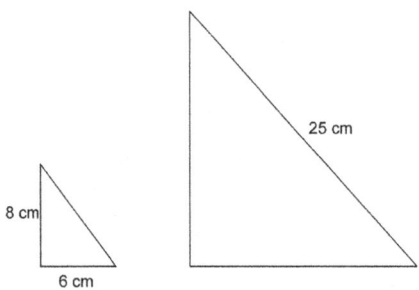

Para hallar la hipotenusa del triángulo más ____ , que representamos con la letra *a*, aplicamos el teorema de ____ , resultando:

_____

Descartamos la solución negativa, puesto que se trata de una longitud, y obtenemos que *a* = __ cm.

Así pues, la razón entre la hipotenusa del triángulo mayor y la del menor es:

_____

Entonces, para calcular los catetos del triángulo rectángulo __ , basta con ___ por __ los catetos del triángulo rectángulo __ . De este modo, resulta:

— Medida de un cateto del triángulo rectángulo __ :

_____ cm

— Medida del otro cateto del triángulo rectángulo __ :

_____ cm

Solución: los catetos de este último triángulo miden, respectivamente, __ cm y __ cm.

➤ Con la cera de una vela cilíndrica de __ cm de altura y __ cm de radio de la base, se ha formado otra vela, con forma de pirámide regular de base cuadrangular, cuyo lado mide 7 cm. ¿Cuál es la altura aproximada de esta vela piramidal?

En primer lugar, calculamos la cantidad de cera que contenía la vela original, para lo cual usamos la fórmula del volumen de un cilindro:

$V =$ _____

Sustituyendo los datos del enunciado, tomando 3,14 como aproximación del número π y operando, resulta:

$V = 3,14 \cdot (2,5)^2 \cdot 30 = \underline{}$ cm^3

Ahora, como la vela piramidal se ha formado con la cera de la vela original, la cantidad de cera que la forma tiene que ser la misma, por lo que sus volúmenes deben ser ___ . Así pues, necesitamos la fórmula del volumen de una pirámide regular de base cuadrangular, que es:

_____

Sustituyendo en esta fórmula el valor obtenido antes y el dato del enunciado, resulta la ecuación:

_____

Finalmente, despejamos h, operamos y redondeamos el resultado a dos cifras decimales:

_____

Solución: la altura aproximada de la vela piramidal es de ___ cm.

15. Lee los siguientes enunciados y numera los pasos necesarios para que la resolución de cada uno de ellos quede correctamente ordenada. Ten en cuenta que, en cada caso, hay pasos que no forman parte de la resolución.

➤ Un frutero invirtió un total de 160,16 € en naranjas y manzanas, con un precio de 0,67 €/kg y 0,97 €/kg, respectivamente. Compró 40 kg menos de naranjas que de manzanas. ¿Cuántos kilogramos compró de cada fruta?

☐ Como el gasto total fue de 160,16 €, obtenemos la ecuación: $0,97x + 0,67 \cdot (x + 40) = 160,16$

☐ En consecuencia: $x - 40 = 114 - 40 = 74$

☐ De este modo, invirtió $0,97x$ € en manzanas y $0,67 \cdot (40x)$ € en naranjas.

☐ Compró 230,8 kg de naranjas y 5,77 kg de manzanas.

☐ Entonces, el número de kilos de naranjas es: $x - 40$

☐ De este modo, invirtió $0,97x$ € en manzanas y $0,67 \cdot (x + 40)$ € en naranjas.

☐ Resolviéndola, resulta:

$$0,97x + 0,67 \cdot (40x) = 160,16$$

$$0,97x + 26,80x = 160,16$$

$$27,77x = 160,16$$

$$x = \frac{160,16}{27,77} \rightarrow x = 5,77$$

☐ Entonces, el número de kilos de naranjas es: $40x$

☐ En consecuencia: $x + 40 = 81,32 + 40 = 121,32$

☐ Compró 74 kg de naranjas y 114 kg de manzanas.

☐ De este modo, invirtió $0,67x$ € en naranjas y $0,97 \cdot (x - 40)$ € en manzanas.

☐ Resolviéndola, resulta:

$$0,97x + 0,67 \cdot (x + 40) = 160,16$$

$$0,97x + 0,67x + 26,80 = 160,16$$

$$1,64x = 133,36$$

$$x = \frac{133,36}{1,64} \rightarrow x = 81,32$$

☐ Llamamos x al número de kilos de manzanas que compró el frutero.

☐ Como el gasto total fue de 160,16 €, obtenemos la ecuación:
$0,97x + 0,67 \cdot (x - 40) = 160,16$

☐ Entonces, el número de kilos de naranjas es: $x + 40$

☐ Como el gasto total fue de 160,16 €, obtenemos la ecuación:
$0,97x + 0,67 \cdot (40x) = 160,16$

☐ Compró 121,32 kg de naranjas y 81,32 kg de manzanas.

☐ Resolviéndola, resulta:

$$0,97x + 0,67 \cdot (x - 40) = 160,16$$

$$0,97x + 0,67x - 26,80 = 160,16$$

$$1,64x = 186,96$$

$$x = \frac{186,96}{1,64} \rightarrow x = 114$$

☐ De este modo, invirtió $0,97x$ € en manzanas y $0,67 \cdot (x - 40)$ € en naranjas.

☐ En consecuencia: $40x = 40 \cdot 5,77 = 230,8$

➢ En un instituto bilingüe hay cinco grupos de 2.º de ESO, con un total de 153 estudiantes: dos grupos que reciben las clases de Matemáticas en inglés y tres que lo hacen en castellano. Los grupos de la misma modalidad lingüística tienen la misma cantidad de estudiantes, pero los de inglés tienen cuatro estudiantes más que los de castellano. ¿Cuántos estudiantes forman cada grupo?

☐ Sin embargo, antes de responder a la pregunta, comprobamos que, efectivamente, estos resultados son la solución del sistema.

☐ Entonces, como el total de estudiantes matriculados en 2.º de ESO es 153, podemos plantear la ecuación: $2x + 3y = 153$

☐ Los grupos que reciben las clases en inglés están formados por 29 estudiantes, y los de castellano, por 33.

☐ Así pues, tenemos el sistema:

$$\begin{cases} 2x + 3y = 153 \\ x = y + 4 \end{cases}$$

☐ En principio, los valores obtenidos son razonables, al tratarse de números naturales.

☐ Por otro lado, por las condiciones del enunciado, tenemos la ecuación: $y = x + 4$

☐ Llamamos x al número de estudiantes que hay en cada grupo que recibe las clases en inglés, e y, a la cantidad de estudiantes que forman cada grupo que lo hace en castellano.

☐ Así pues, tenemos el sistema:

$$\begin{cases} 2x + 3y = 153 \\ y = x + 4 \end{cases}$$

☐ Para ello, sustituimos y operamos:

$$\begin{cases} 2 \cdot 33 + 3 \cdot 29 = 153 \\ 33 = 29 + 4 \end{cases} \rightarrow \begin{cases} 66 + 87 = 153 \\ 33 = 33 \end{cases} \rightarrow \begin{cases} 153 = 153 \\ 33 = 33 \end{cases}$$

Por tanto, la solución es correcta.

☐ Como hay dos grupos que reciben las clases de Matemáticas en inglés y tres que lo hacen en castellano, la expresión $2x$ indica el número total de estudiantes que tienen las clases en inglés, mientras que $3y$ se corresponde con el de quienes las reciben en castellano.

☐ Por otro lado, al haber cuatro estudiantes más en los grupos en inglés que en los que tienen las clases en castellano, obtenemos la ecuación: $x = y + 4$

☐ Los grupos que reciben las clases en inglés están formados por 33 estudiantes, y quienes lo hacen en castellano, por 29.

☐ Así pues, planteamos y resolvemos el sistema:

$$\begin{cases} 153x - 174y = 3 \\ y = x - 4 \end{cases} \rightarrow 153x - 174(x-4) = 3 \rightarrow$$

$$153x - 174x + 696 = 3 \rightarrow 21x = 693 \rightarrow x = \frac{693}{21} = 33$$

$$y = 33 - 4 \rightarrow y = 29$$

☐ Resolviéndolo por el método de sustitución, resulta:

$$\begin{cases} 2x + 3y = 153 \\ x = y + 4 \end{cases} \rightarrow 2(y+4) + 3y = 153 \rightarrow$$

$$2y + 8 + 3y = 153 \rightarrow 5y = 145 \rightarrow y = \frac{145}{5} \rightarrow y = 29$$

$$x = 29 + 4 \rightarrow x = 33$$

➢ Un equipo de seis profesionales prepara 140 piezas al día, cada una de las cuales precisa de 12 soldaduras. ¿Cuántos trabajadores hay que incorporar al equipo para preparar en un día 220 piezas con 14 soldaduras cada una?

☐ Como las magnitudes «*número de profesionales*» y «*número de piezas preparadas*» son directamente proporcionales, y también lo son las magnitudes «*número de profesionales*» y «*número de soldaduras realizadas*», la regla de tres compuesta se traduce en la siguiente igualdad:

$$\frac{x}{6} = \frac{220}{140} \cdot \frac{14}{12}$$

☐ Despejando y operando, resulta:

$$x = \frac{6 \cdot 220 \cdot 140}{14 \cdot 12} \rightarrow x = 1100$$

☐ Finalmente, sumamos: 11 + 6 = 17

☐ Hay que incorporar cinco trabajadores al equipo.

☐ A partir de los datos del enunciado, podemos plantear la siguiente regla de tres compuesta:

$$\begin{cases} 6 \text{ profesionales} \xrightarrow{\text{preparan}} 140 \text{ piezas} \xrightarrow{\text{que necesitan}} 12 \text{ soldaduras} \\ x \text{ profesionales} \xrightarrow{\text{preparan}} 14 \text{ soldaduras} \xrightarrow{\text{que necesitan}} 220 \text{ piezas} \end{cases}$$

☐ Finalmente, restamos: 11 – 6 = 5

☐ Hay que incorporar 17 trabajadores al equipo.

☐ Llamamos x al número de profesionales necesarios.

☐ Despejando y operando, resulta:

$$x = \frac{6 \cdot 220 \cdot 14}{140 \cdot 12} \rightarrow x = 11$$

☐ Como las magnitudes *«número de profesionales»* y *«número de piezas preparadas»* son directamente proporcionales, y las magnitudes *«número de profesionales»* y *«número de soldaduras realizadas»* son inversamente proporcionales, la regla de tres compuesta se traduce en la siguiente igualdad:

$$\frac{x}{6} = \frac{220}{14} \cdot \frac{140}{12}$$

☐ A partir de los datos del enunciado, podemos plantear la siguiente regla de tres compuesta:

$$\begin{cases} 6 \text{ profesionales} \xrightarrow{\ preparan\ } 140 \text{ piezas} \xrightarrow{\ que\ necesitan\ } 12 \text{ soldaduras} \\ x \text{ profesionales} \xrightarrow{\ preparan\ } 220 \text{ piezas} \xrightarrow{\ que\ necesitan\ } 14 \text{ soldaduras} \end{cases}$$

☐ Hay que incorporar 1100 trabajadores al equipo.

☐ Hay que incorporar 11 trabajadores al equipo.

☐ Como las magnitudes *«número de profesionales»* y *«número de piezas preparadas»* son directamente proporcionales, y también lo son las magnitudes *«número de profesionales»* y *«número de soldaduras realizadas»*, la regla de tres compuesta se traduce en la siguiente igualdad:

$$\frac{x}{6} = \frac{220}{140} \cdot \frac{12}{14}$$

➢ Unos obreros van a colocar un bordillo formado por adoquines de 80 cm de largo alrededor de una plaza con forma de triángulo rectángulo. Los lados perpendiculares de la plaza miden 12 m y 20 m, respectivamente. ¿Cuántos adoquines serán necesarios para construir el bordillo?

☐ Por tanto, el bordillo de la plaza debe tener una longitud total de 48 m, ya que 12 + 20 + 16 = 48.

☐ A continuación, llamamos x al lado desconocido de la plaza, y aplicamos el teorema de Pitágoras para determinar su valor.

☐ Así, tenemos:

$$20^2 = 12^2 + x^2 \rightarrow x^2 = 20^2 - 12^2 \rightarrow x^2 = 400 - 144 \rightarrow$$
$$x^2 = 256 \rightarrow x = \pm\sqrt{256} \rightarrow x = \pm 16$$

☐ Para construir el bordillo, serán necesarios 60 adoquines.

☐ Descartando el resultado negativo, pues se trata de una distancia, resulta que el lado desconocido mide 23,32 m.

☐ En primer lugar, realizamos un dibujo para aclarar la situación.

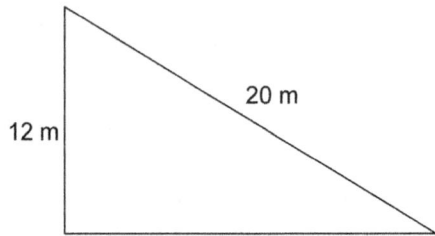

☐ Para construir el bordillo, serán necesarios 69 adoquines, aproximadamente.

☐ Finalmente, para conocer la cantidad de adoquines necesarios, dividimos la longitud total del bordillo entre el largo de los adoquines, expresado en metros:

$$\frac{48}{0,8} = 60$$

☐ Finalmente, para conocer la cantidad de adoquines necesarios, dividimos la longitud total del bordillo entre el largo de los adoquines, expresado en metros:

$$\frac{55,32}{0,8} = 69,15$$

☐ En primer lugar, realizamos un dibujo para aclarar la situación.

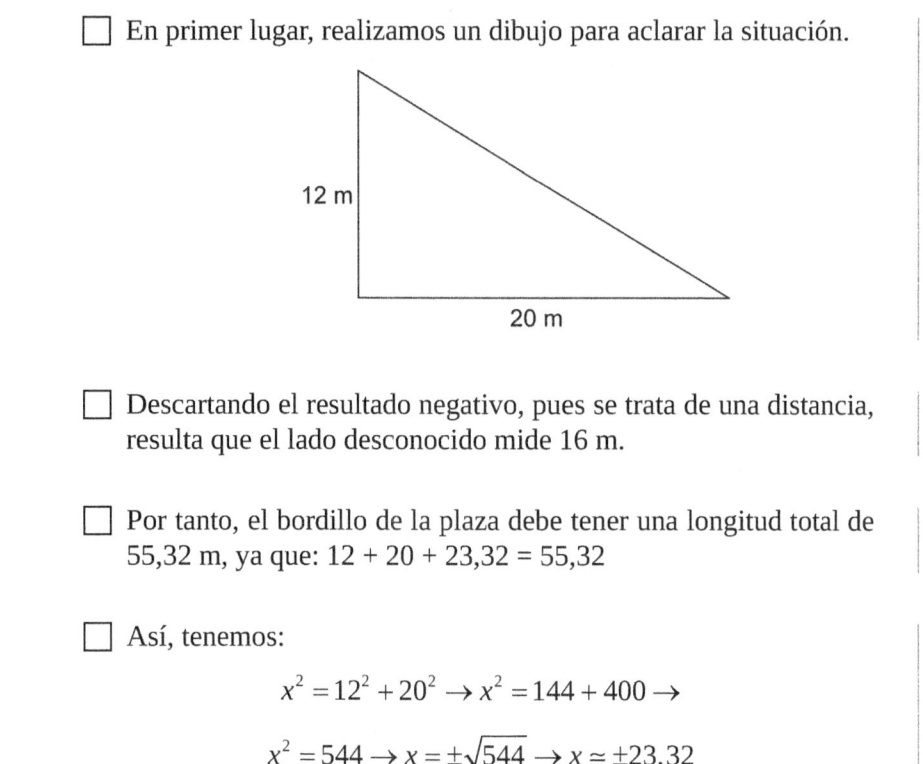

☐ Descartando el resultado negativo, pues se trata de una distancia, resulta que el lado desconocido mide 16 m.

☐ Por tanto, el bordillo de la plaza debe tener una longitud total de 55,32 m, ya que: 12 + 20 + 23,32 = 55,32

☐ Así, tenemos:

$$x^2 = 12^2 + 20^2 \rightarrow x^2 = 144 + 400 \rightarrow$$

$$x^2 = 544 \rightarrow x = \pm\sqrt{544} \rightarrow x \approx \pm 23{,}32$$

16. Observa la resolución de estos problemas y selecciona las alternativas correctas en cada caso. Rellena también los huecos que hay en las respuestas.

➤ En una provincia hay 168 playas, de las que 3/7 partes tienen bandera azul. Del resto, la octava parte no es apta para el baño por estar contaminadas, la cuarta parte tiene demasiadas rocas, y las demás son playas adecuadas para el baño. ¿De cuántas playas en total pueden disfrutar los bañistas en esta provincia? ¿Cuántas de ellas tienen bandera azul?

En primer lugar, calculamos el número de playas con bandera azul:

☐ $\dfrac{3}{7}$ de 168 $= \dfrac{3\cdot168}{7} = 3\cdot24 = 72$

☐ $1-\dfrac{3}{7} = \dfrac{7}{7}-\dfrac{3}{7} = \dfrac{4}{7}$

$\dfrac{4}{7}$ de 168 $= \dfrac{4\cdot168}{7} = 4\cdot24 = 96$

Por tanto, el número de playas sin bandera azul es:

☐ $168 - 96 = 72$

☐ $168 - 72 = 96$

A continuación, hallamos la cantidad de playas en las que, por una u otra razón, no conviene bañarse:

☐ $1-\dfrac{1}{8}-\dfrac{1}{4} = \dfrac{8}{8}-\dfrac{1}{8}-\dfrac{2}{8} = \dfrac{5}{8}$

$\dfrac{5}{8}$ de 168 $= \dfrac{5\cdot168}{8} = 5\cdot21 = 105$

☐ $1-\dfrac{1}{8}-\dfrac{1}{4} = \dfrac{8}{8}-\dfrac{1}{8}-\dfrac{2}{8} = \dfrac{5}{8}$

$\dfrac{5}{8}$ de 72 $= \dfrac{5\cdot72}{8} = 5\cdot9 = 45$

☐ $1-\dfrac{1}{8}-\dfrac{1}{4} = \dfrac{8}{8}-\dfrac{1}{8}-\dfrac{2}{8} = \dfrac{5}{8}$

$\dfrac{5}{8}$ de 96 $= \dfrac{5\cdot96}{8} = 5\cdot12 = 60$

☐ $\dfrac{1}{8}+\dfrac{1}{4} = \dfrac{1}{8}+\dfrac{2}{8} = \dfrac{3}{8}$

$\dfrac{3}{8}$ de 168 $= \dfrac{3\cdot168}{8} = 3\cdot21 = 63$

□ $\dfrac{1}{8} + \dfrac{1}{4} = \dfrac{1}{8} + \dfrac{2}{8} = \dfrac{3}{8}$

$\dfrac{3}{8}$ de $96 = \dfrac{3 \cdot 96}{8} = 3 \cdot 12 = 36$

□ $\dfrac{1}{8} + \dfrac{1}{4} = \dfrac{1}{8} + \dfrac{2}{8} = \dfrac{3}{8}$

$\dfrac{3}{8}$ de $72 = \dfrac{3 \cdot 72}{8} = 3 \cdot 9 = 27$

Así pues, el número de playas adecuadas para el baño, tengan o no bandera azul, es:

□ $168 - 105 = 63$

□ $168 - 45 = 123$

□ $168 - 60 = 108$

□ $168 - 63 = 105$

□ $168 - 36 = 132$

□ $168 - 27 = 141$

□ $96 - 36 = 60$

□ $96 - 63 = 33$

□ $96 - 45 = 51$

□ $96 - 60 = 36$

□ $96 - 27 = 69$

□ $72 - 45 = 27$

□ $72 - 36 = 36$

□ $72 - 27 = 45$

□ $72 - 63 = 9$

□ $72 - 60 = 12$

Solución: en total, los bañistas pueden disfrutar de ____ playas en esta provincia, de las que __ tienen bandera azul.

➤ Jaime gana 375 € mensuales menos que Marcos, y el salario de Raúl es superior al de Marcos en 195 € al mes. Por su parte, Verónica cobra 1800 € mensuales, que es igual a la media aritmética de los sueldos de Jaime, Marcos y Raúl. ¿Cuáles son los ingresos mensuales de cada uno?

Llamamos x al salario de Marcos. Entonces, los ingresos mensuales de Jaime se corresponden con:

☐ $x - 375$

☐ $x + 375$

Y los de Raúl, con:

☐ $x + 195$

☐ $x - 195$

Ahora, como la media aritmética de sus sueldos coincide con el de Verónica, que es de 1800 €, podemos plantear la ecuación:

☐ $\dfrac{(x-375) + x + (x-195)}{3} = 1800$

☐ $\dfrac{(x-375) + x}{2} = 1800$

☐ $\dfrac{(x-375) + x + (x+195)}{3} = 1800$

☐ $\dfrac{(x+375) + (x+195)}{2} = 1800$

☐ $\dfrac{(x+375) + x + (x+195)}{3} = 1800$

☐ $\dfrac{(x+375) + x + (x-195)}{3} = 1800$

Resolviéndola, obtenemos el sueldo mensual de Marcos:

☐ $3x - 570 = 5400 \rightarrow$

$$3x = 5970 \rightarrow x = \dfrac{5970}{3} \rightarrow x = 1990$$

☐ $3x + 180 = 5400 \rightarrow$

$$3x = 5220 \rightarrow x = \frac{5220}{3} \rightarrow x = 1740$$

☐ $3x + 570 = 5400 \rightarrow$

$$3x = 4830 \rightarrow x = \frac{4830}{3} \rightarrow x = 1610$$

☐ $3x - 180 = 5400 \rightarrow$

$$3x = 5580 \rightarrow x = \frac{5580}{3} \rightarrow x = 1860$$

☐ $2x - 375 = 3600 \rightarrow$

$$2x = 3975 \rightarrow x = \frac{3975}{2} \rightarrow x = 1987{,}50$$

☐ $2x + 570 = 3600 \rightarrow$

$$2x = 3030 \rightarrow x = \frac{3030}{2} \rightarrow x = 1515$$

Por tanto, los ingresos mensuales de Jaime son:

☐ 1515 + 375 = 1890 €
☐ 1610 + 375 = 1985 €
☐ 1740 + 375 = 2115 €
☐ 1990 − 375 = 1615 €
☐ 1987,50 − 375 = 1612,50 €
☐ 1860 − 375 = 1485 €
☐ 1610 − 375 = 1235 €
☐ 1740 − 375 = 1365 €

Y los de Raúl:

☐ 1990 + 195 = 2185 €
☐ 1987,50 + 195 = 2182,50 €
☐ 1860 + 195 = 2055 €

☐ 1860 – 195 = 1665 €

☐ 1610 – 195 = 1415 €

☐ 1515 + 195 = 1710 €

☐ 1740 + 195 = 1935 €

☐ 1740 – 195 = 1545 €

Solución: los ingresos mensuales de Jaime son de ___ €; los de Marcos, de ___ €, y los de Raúl, de ___ €.

17. Localiza el error que hay en la resolución de cada uno de los siguientes problemas. Explica la razón y describe el planteamiento correcto.

➢ Después de descender 45 ºC, la temperatura de un horno era de 160 ºC. Luego, bajó 30 ºC y, más tarde, subió 110 ºC. ¿A qué temperatura se encontraba el horno en ese momento?

Para resolver el problema, debemos restar las cantidades que indican bajadas de temperatura y sumar las correspondientes a subidas. Así pues, tenemos que efectuar estas operaciones:

$$160 - 45 - 30 + 110 = 195$$

Solución: en ese momento, el horno se encontraba a 195 ºC.

¿Dónde está el fallo?

➢ Cinco obreros se tomaron las 2/3 partes de un termo de café durante el descanso de la mañana. Después de comer, uno de ellos se tomó 1/4 del resto. ¿Cuánto café quedó en el termo, teniendo en cuenta que su capacidad es de 750 ml?

En primer lugar, calculamos la fracción correspondiente al café consumido en total:

$$\frac{2}{3} + \frac{1}{4} \cdot \frac{2}{3} = \frac{2}{3} + \frac{1 \cdot 2}{4 \cdot 3} = \frac{2}{3} + \frac{1}{2 \cdot 3} = \frac{2}{3} + \frac{1}{6} = \frac{4}{6} + \frac{1}{6} = \frac{5}{6}$$

Por tanto, la fracción que indica la parte del termo que sigue con café es:

$$1 - \frac{5}{6} = \frac{6}{6} - \frac{5}{6} = \frac{1}{6}$$

Por último, determinamos la cantidad de café que representa esta fracción:

$$\frac{1}{6} \text{ de } 750 = \frac{1 \cdot 750}{6} = 125 \text{ ml}$$

Solución: en el termo quedaron 125 ml de café.

¿Dónde está el fallo?

➤ Lourdes tiene cuatro años más que su hermano Basilio y, hace nueve años, le doblaba la edad. ¿Cuántos años tiene Lourdes?

Llamamos x a la edad actual de Lourdes. Con esta notación, obtenemos las expresiones de las siguientes edades:

— La edad de Lourdes hace nueve años: $x - 9$

— La edad actual de Basilio: $x - 4$

— La edad de Basilio hace nueve años: $(x - 4) - 9 = x - 13$

Entonces, por las condiciones del enunciado, tenemos la ecuación:

$$x - 13 = 2(x - 9)$$

Resolviéndola, resulta:

$$x - 13 = 2(x - 9) \rightarrow x - 13 = 2x - 18 \rightarrow 2x - x = 18 - 13 \rightarrow x = 5$$

Solución: Lourdes tiene cinco años.

¿Dónde está el fallo?

➤ Cuando se viaja en coche, el conductor debe parar para descansar cada cierto tiempo. Gaspar realiza en coche un recorrido que conoce y sabe que, para llegar a un área de descanso en ese tiempo, debe circular a una velocidad de 90 km/h. En cambio, para ir del área de descanso a su destino en ese mismo tiempo, debe viajar a 120 km/h. ¿Qué relación hay entre la longitud del primer tramo del recorrido y la del segundo?

Como no conocemos la distancia que recorre Gaspar en cada tramo, vamos a usar letras para representarlas. De este modo, llamamos *A* a la distancia que hay entre el punto de partida de su viaje y el área de descanso, y *B*, a la distancia que separa dicha área de descanso de su destino.

Tengamos en cuenta que la relación entre la longitud del primer tramo y la del segundo, que es lo que se pide calcular, es la proporción entre *A* y *B*, por lo que se trata de hallar el cociente *A* / *B*.

Podemos entonces plantear el problema mediante la siguiente regla de tres:

$$\begin{cases} \text{Yendo a 90 km/h} & \xrightarrow{\;Gaspar\ recorre\;} & A \text{ km en ese tiempo} \\ \text{Yendo a 120 km/h} & \xrightarrow{\;Gaspar\ recorre\;} & B \text{ km en ese tiempo} \end{cases}$$

Como una de las magnitudes que aparece en la regla de tres es la velocidad (km/h), se trata de una regla de tres inversa, porque «a más velocidad, se tarda menos tiempo en llegar» (es decir, más de una magnitud se corresponde con menos de la otra). Entonces, la regla de tres se traduce en la igualdad:

$$90 \cdot A = 120 \cdot B$$

Trasponiendo términos y simplificando, llegamos a la relación entre *A* y *B* que pretendemos determinar:

$$\frac{A}{B} = \frac{120}{90} \rightarrow \frac{A}{B} = \frac{4}{3}$$

Solución: la relación entre la longitud del primer tramo del recorrido y la del segundo es de 4 a 3.

¿Dónde está el fallo?

PARA RESOLVER EL PROBLEMA PASO A PASO Y COMPROBAR LA SOLUCIÓN

18. Resuelve los siguientes problemas siguiendo los pasos indicados.

> Un patio rectangular tiene 4,8 m de ancho y 11,5 m de largo. Como por dos de sus lados limita con las paredes de un edificio, solo tiene valla en los otros dos lados, que forman una esquina.

Para pintar el exterior de la valla del lado más corto, hacen falta 0,65 L de pintura por cada metro (lineal) de valla, mientras que el exterior de la valla del lado más largo solo necesita 0,3 L de pintura por cada metro (lineal) de valla. Además, hay que pintar tres macetones, cada uno de los cuales necesita 0,45 L de pintura, y la parte interior de la valla, para lo cual son necesarios 0,8 L de pintura por cada metro (lineal) de valla. ¿Cuántos litros de pintura hacen falta en total?

1. Haz un dibujo para representar el patio. Señala las paredes que están valladas y escribe la medida de cada una.

2. Halla la cantidad de pintura necesaria para pintar el exterior de la valla del lado más corto del patio.

3. Haz lo mismo con el lado más largo.

4. ¿Cuánta pintura hace falta para pintar los macetones?

5. ¿Y para pintar la parte interior de la valla? Explica la respuesta.

6. Calcula la cantidad total de pintura que se precisa para realizar el trabajo completo.

7. Responde a la pregunta planteada.

8. Imagina que el resultado hubiera sido un número decimal. ¿Tendría sentido? ¿Por qué?

9. ¿Y si hubiera sido un número negativo?

> ➤ Un número impar es capicúa y tiene siete cifras, la suma de las cuales es igual a 25. Además, el producto de las tres últimas cifras es 42, y el de las dos últimas, 6. ¿De qué número se trata?

1. El número buscado es capicúa. ¿Qué quiere decir eso?

2. Entonces, ¿es necesario determinar todas las cifras del número? ¿O basta con hallar algunas de ellas? ¿Por qué?

3. ¿Cuántas cifras hace falta conocer, como mínimo, para averiguar de qué número se trata?

4. Según el enunciado, el producto de las dos últimas cifras es 6, y el de las tres últimas, 42. Entonces, ¿cuál es la cifra de las centenas? ¿Por qué?

5. Como hemos dicho, el producto de las dos últimas cifras es igual a 6. ¿Cuáles pueden ser entonces las dos últimas cifras del número? Explica la respuesta.

6. Teniendo en cuenta la respuesta a la cuestión anterior y que el número es impar, ¿cuáles son las posibles terminaciones del número, contando las dos últimas cifras? ¿Por qué?

7. En consecuencia, ¿cuáles pueden ser las terminaciones del número, contando las tres últimas cifras?

8. En cada uno de los casos posibles, mostrados en la respuesta a la cuestión anterior, ¿cuántas cifras del número se conocen ya? ¿Por qué?

9. ¿Cuánto vale la suma de las cifras conocidas, en cada uno de los casos posibles?

10. Según el enunciado, la suma de las cifras del número es igual a 25. ¿Permite descartar alguna terminación del número esta información? ¿Cuál? Razona la respuesta.

11. ¿Qué falta conocer para determinar el número? Obtén este dato de manera razonada, a partir de la información recogida en las cuestiones 9 y 10.

12. Responde a la pregunta planteada.

➤ Yolanda y sus tres hermanos hicieron una colecta para comprar un regalo a su abuela. La aportación conjunta de sus tres hermanos fue de 96 €, mientras que ella puso la cuarta parte del precio del regalo y 30 € más. ¿Cuánto dinero puso Yolanda? ¿Cuánto costó el regalo?

1. Elige una letra para representar la cantidad que aportó Yolanda.

2. Teniendo en cuenta la aportación conjunta de sus tres hermanos y la letra elegida en la cuestión anterior, ¿cómo se puede expresar el precio del regalo en lenguaje algebraico?

3. En consecuencia, ¿qué expresión algebraica se corresponde con la «cuarta parte del precio del regalo y 30 € más»?

4. Observa el enunciado y las respuestas a la cuestión anterior y a la cuestión 1. ¿Cómo deben ser ambas expresiones? ¿Por qué?

5. Entonces, ¿qué ecuación se puede plantear para resolver el problema?

6. ¿Qué tipo de ecuación es?

7. Resuelve la ecuación, indicando todos y cada uno de los pasos que se van dando.

8. ¿Con qué se corresponde la solución de la ecuación?

9. Calcula el otro número que se necesita para resolver por completo el problema.

10. Responde a las dos preguntas planteadas.

11. Imagina que se hubieran obtenido números decimales. ¿Sería un resultado razonable? ¿Por qué?

12. ¿Y si hubieran sido números negativos?

> Eloy ha comprado una parcela rectangular cuyo largo es 40 m mayor que el ancho. Como la valla de alrededor estaba muy vieja, Eloy ha invertido 1995 € en comprar una nueva, a razón de 5,25 € cada metro (lineal). Además, Eloy quiere renovar la tierra de la parcela, para lo cual necesita tres sacos por cada metro cuadrado de terreno. ¿Cuántos sacos de tierra necesita Eloy en total?

1. ¿Qué se pide calcular?

2. ¿Qué dato hace falta para poder hallar lo que se pide?

3. ¿Hay alguna fórmula que permita determinar este dato? ¿Cuál es?

4. Como no se dispone de los datos necesarios para aplicar directamente esta fórmula, primero habrá que calcularlos. Para ello, realiza un dibujo de la parcela, llama x a su ancho y escribe esta letra en el lugar correspondiente del dibujo.

5. ¿Cómo se puede expresar el largo de la parcela en función de x? Coloca esta expresión en el lugar adecuado del dibujo.

6. Expresa el perímetro de la parcela en función de x.

7. Calcula la longitud de la valla nueva, teniendo en cuenta los datos del enunciado.

8. Observa las respuestas a las dos últimas cuestiones. ¿Cómo deben ser ambas? ¿Por qué?

9. Entonces, ¿qué ecuación se puede plantear? ¿De qué tipo es?

10. Resuelve la ecuación.

11. De este modo, ya está calculado el ancho de la parcela. ¿Cuánto mide su largo?

12. Ahora, ya se puede hallar lo que se pide. Calcúlalo.

13. Responde a la pregunta del enunciado.

14. Imagina que se hubiera obtenido un número decimal. ¿Sería lógico? Razona la respuesta.

➢ En un museo, hay una mesa donde se exponen arañas y mosquitos conservados en ámbar. En total, hay 55 «bichos» y 392 patas. ¿Cuántas arañas y cuántos mosquitos hay en la exposición?

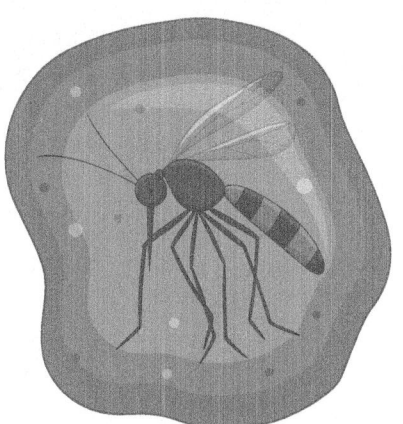

1. Elige una letra para representar el número de arañas que hay en la exposición, y otra para la cantidad de mosquitos.

2. Teniendo en cuenta cuántos «bichos» hay en la exposición y las letras elegidas en la cuestión anterior, escribe una ecuación adecuada para describir la situación.

3. ¿Cuántas patas tienen las arañas?

4. Entonces, ¿cómo se puede expresar la cantidad de patas de araña que hay en la exposición, teniendo en cuenta la letra elegida en la cuestión 1?

5. ¿Y los mosquitos? ¿Cuántas patas tienen?

6. ¿Cuál es entonces la expresión algebraica con la cual indicar el número de patas de mosquito que hay en la exposición?

7. Escribe la expresión algebraica correspondiente al número total de patas, incluyendo las de araña y las de mosquito.

8. Teniendo en cuenta la respuesta a la cuestión anterior y el dato del enunciado, ¿qué ecuación se puede construir?

9. A partir de las respuestas a las cuestiones 2 y 8, se puede formar un sistema de ecuaciones. ¿Cuál es?

10. Resuélvelo por el método de sustitución.

11. Comprueba que los números obtenidos son, efectivamente, la solución del sistema.

12. Responde a la pregunta formulada en el enunciado.

13. ¿Sería aceptable que se hubieran obtenido números decimales como solución del sistema? ¿Y números negativos? Explica las respuestas.

> ➤ Berto y Marina son coleccionistas de monedas. Entre los dos, tienen 1719 monedas. Si Berto comprara 24 monedas y Marina le regalara 11, Berto tendría justo la mitad de monedas que tendría Marina. ¿Cuántas monedas tiene cada uno?

1. Elige una letra para representar el número de monedas que posee Berto, y otra para las que tiene Marina.

2. Escribe una ecuación que incluya las dos letras elegidas, teniendo en cuenta que, entre Berto y Marina, tienen un total de 1719 monedas.

3. ¿Qué tipo de ecuación es? ¿Se puede resolver directamente o hace falta otra condición que la complemente? Justifica la respuesta.

4. Si Berto comprara 24 monedas y Marina le regalara 11, ¿cuántas monedas tendría Berto? Expresa el resultado usando la letra elegida antes, de la manera más simplificada posible.

5. ¿Y Marina? ¿Cuántas monedas tendría? Expresa el resultado en función de la letra elegida antes para representar el número de monedas de Marina.

6. En tal caso, según el enunciado, Berto tendría justo la mitad de monedas que tendría Marina. ¿Cómo se puede expresar esta relación mediante una ecuación?

7. Elimina el denominador de esta ecuación y, a continuación, deja las letras en el primer miembro y los números en el segundo. Finalmente, agrupa los números.

8. Juntando esta última ecuación y la obtenida en la cuestión 2, es posible formar un sistema de dos ecuaciones con dos incógnitas. Escríbelo y resuélvelo por el método de reducción.

9. Comprueba que el resultado obtenido cumple las condiciones descritas en el enunciado.

10. Responde a la pregunta formulada en el enunciado.

➢ El problema anterior se ha resuelto empleando un sistema de dos ecuaciones con dos incógnitas. Sin embargo, sería posible resolverlo usando una sola ecuación y una única incógnita. Resuélvelo de este modo, indicando los pasos que se van dando.

➢ Aunque el problema de las monedas de Berto y Marina está «más que resuelto», es interesante que veamos otro modo diferente de abordarlo. Esta vez, sin ecuaciones ni sistemas. Sigue los pasos indicados.

1. Si Berto comprara 24 monedas, ¿cuántas monedas tendrían entre los dos? Razona la respuesta.

2. Si Berto tuviera una parte de la cantidad anterior (una vez que Marina le hubiera regalado las 11 monedas), ¿cuántas partes debería tener Marina? ¿Por qué?

3. Entonces, ¿en cuántas partes hay que dividir la cantidad obtenida en la cuestión 1? ¿Cómo se deberían repartir esas partes entre Berto y Marina para saber cuántas monedas tendría cada uno?

4. Efectúa las operaciones correspondientes para calcular el número de monedas que tendría cada uno.

5. ¡Presta atención! Los resultados obtenidos en la cuestión anterior no se corresponden con el número de monedas que tienen Berto y Marina, sino con la cantidad que tendrían si Berto comprara 24 monedas y Marina le regalara 11. Entonces, ¿qué operaciones hay que realizar para conocer el número de monedas que tiene Berto? Efectúalas.

6. ¿Y para calcular el número de monedas que tiene Marina? Realiza la operación correspondiente.

7. Responde a la pregunta (de nuevo).

➢ Como se ha podido comprobar, un mismo problema puede resolverse de diversas formas. En este caso, ¿cuál de los tres procedimientos te ha parecido más sencillo? ¿Y más complicado?

➢ Un grupo de ocho montañistas necesita 38 kg de provisiones para realizar una expedición. ¿Cuántos montañistas podrían participar en la expedición si se contara con 57 kg de provisiones?

1. Denota el valor que se debe calcular con la letra x y plantea una regla de tres que permita determinarlo.

2. ¿De qué tipo de regla de tres se trata? Justifica la respuesta.

3. Entonces, ¿qué igualdad se obtiene a partir de la regla de tres?

4. Despeja la x y efectúa los cálculos correspondientes.

5. Contesta a la pregunta planteada en el enunciado.

6. ¿Podría ser el resultado un número decimal? ¿Por qué?

➤ Para alicatar un cuarto de baño cuyas paredes tienen una superficie total de 18,5 m², hacen falta 370 azulejos. ¿Cuántos azulejos del mismo tamaño serán necesarios para alicatar una cocina de 3,8 m de largo, 2,6 m de ancho y 2,3 m de alto, si la puerta y la ventana ocupan una superficie conjunta de 3,44 m²?

1. ¿Qué forma tienen las paredes de la cocina, sin tener en cuenta ni la puerta ni la ventana?

2. ¿Cuáles son las dimensiones de las paredes más grandes?

3. Entonces, ¿cuál es la superficie de cada una de estas paredes?

4. ¿Y la superficie de cada una de las paredes más pequeñas?

5. En consecuencia, ¿cuál es la superficie total de las paredes de la cocina, sin tener en cuenta ni la puerta ni la ventana?

6. Calcula la superficie real de las paredes de la cocina, restándole la superficie conjunta de la puerta y la ventana a la cantidad anterior.

7. Representa la incógnita del problema con la letra x y plantea una regla de tres que permita hallarla, a partir de la respuesta a la cuestión anterior y de los datos del enunciado.

8. Resuelve la regla de tres, teniendo en cuenta de qué tipo es.

9. Responde a la pregunta planteada en el enunciado.

10. ¿Sería aceptable que se hubiera obtenido un número decimal? Justifica la respuesta.

➤ Un grupo de 30 amigos ha alquilado un local para celebrar una fiesta en Nochevieja, teniendo que pagar cada uno 21 €. Sin embargo, finalmente dos de ellos no podrán asistir, y otros siete amigos deciden sumarse al grupo. ¿Cuánto dinero tendrá que pagar cada uno, entonces?

1. Calcula cuántos amigos irán finalmente a la fiesta de Nochevieja.

2. Representa la incógnita del problema con la letra x y plantea una regla de tres que permita hallarla.

3. ¿Qué tipo de regla de tres es? ¿Por qué?

4. Entonces, ¿qué igualdad se obtiene a partir de la regla de tres?

5. Despeja la *x* en esta igualdad y realiza los cálculos correspondientes.

6. Responde a la pregunta planteada en el enunciado.

7. Imagina que se hubiera obtenido un número decimal. ¿Sería razonable? ¿Y si fuera un número negativo? Argumenta las respuestas.

➢ El problema anterior se ha resuelto haciendo uso de una regla de tres. Sin embargo, es posible llegar a la solución utilizando un procedimiento distinto, conocido como «reducción a la unidad». Sigue los pasos indicados para resolver el problema también por este método.

1. Determina el precio del alquiler del local, teniendo en cuenta los datos del enunciado. Justifica la respuesta.

2. Halla, como antes, el número de amigos que finalmente irán a la fiesta de Nochevieja.

3. Calcula, de manera razonada, la cantidad que tendrá que pagar cada uno, teniendo en cuenta las respuestas a las dos cuestiones anteriores.

4. Responde, de nuevo, a la pregunta formulada en el enunciado.

5. ¿Qué manera de resolver el problema te ha parecido más fácil? ¿Por qué?

➢ Un albañil tarda seis días en construir una pared de 57,6 m², trabajando ocho horas diarias. ¿Cuántas horas al día tendría que trabajar si quiere construir otra pared de 96 m² en ocho días?

1. ¿Cuántas magnitudes intervienen en el problema? ¿Cuáles son?

2. ¿Con cuál de ellas se corresponde la incógnita del problema?

3. ¿Qué tipo de relación de proporcionalidad guarda esta magnitud con las otras: directa o inversa? Argumenta la respuesta.

4. Representa con la letra *x* la incógnita del problema y plantea una regla de tres que incluya todas las magnitudes involucradas. Deja en la última columna la magnitud correspondiente a la incógnita.

5. ¿De qué tipo de regla de tres se trata? ¿Por qué?

6. Teniendo en cuenta la respuesta a la cuestión 3, ¿qué igualdad se obtiene a partir de la regla de tres?

7. Despeja la letra x en esa igualdad y efectúa los cálculos correspondientes.

8. Contesta a la pregunta planteada en el enunciado.

➢ El problema anterior también se puede resolver sin usar la regla de tres, empleando el método de «reducción a la unidad». Sigue los pasos indicados para resolver el problema por este procedimiento.

1. Teniendo en cuenta los datos del enunciado, calcula el número total de horas que invierte el albañil en construir la pared de 57,6 m². Argumenta la respuesta.

2. Entonces, ¿cuántos metros cuadrados de pared construye cada hora?

3. Por otro lado, si quiere dedicar ocho días a construir una pared de 96 m², ¿cuántos metros cuadrados de pared tendrá que construir cada día?

4. Observa las respuestas a las dos cuestiones anteriores. ¿Qué operación hay que efectuar con ellas para calcular el número de horas que tendrá que trabajar cada día? ¿Cuál es el resultado de dicha operación?

5. Responde, de nuevo, a la pregunta planteada en el enunciado del problema.

➢ En las tablas se muestra la temperatura (en °C) que hizo en una población a las distintas horas de dos días consecutivos.

Hora	0	1	2	3	4	5	6	7	8	9	10	11	12
Primer día	12	12	10	8	6	3	2	1	2	5	8	6	4
Segundo día	9	6	4	2	0	–2	0	1	1	3	5	6	8

Hora	13	14	15	16	17	18	19	20	21	22	23	24
Primer día	6	10	14	14	15	15	15	11	10	10	8	9
Segundo día	8	10	12	14	16	16	15	13	13	13	10	9

a) Elabora una gráfica conjunta de las funciones con las que se indica la temperatura que hizo cada día en esa población, dependiendo de la hora del día. Usa un color distinto para cada función, a fin de que resulte fácil diferenciarlas.

b) ¿Cuál fue la temperatura máxima del primer día? ¿Y la mínima? ¿A qué hora se alcanzó cada una de ellas?

c) ¿A qué hora del primer día estaban los charcos congelados? ¿Y del segundo? Justifica la respuesta.

d) ¿A qué hora hizo la misma temperatura los dos días?

e) ¿Podría ser que la temperatura que hizo a las 24:00 h del primer día fuera distinta de la que hizo a las 00:00 h del segundo? ¿Por qué?

f) ¿Y que fueran distintas las temperaturas de cada día a las 24:00 h? Justifica la respuesta.

g) ¿En qué momento del segundo día la temperatura fue mayor que la del día anterior a esa misma hora?

1. ¿Cuántas funciones hay que representar? ¿A qué corresponde cada una de ellas?

2. ¿Qué se quiere decir cuando se pide una «gráfica conjunta»?

3. ¿Cuál es la variable independiente de estas funciones? ¿Y la variable dependiente? ¿En qué unidades se expresan?

4. Antes de representar los pares ordenados correspondientes a cada función, conviene elegir una escala adecuada para los ejes cartesianos, a fin de que las gráficas encajen bien y haya suficiente espacio para representarlas. Teniendo en cuenta los datos de las tablas, ¿qué valores máximo y mínimo conviene tomar para la variable independiente? ¿Y para la variable dependiente? ¿Cada cuántas unidades de estas variables es aconsejable hacer una marca sobre los ejes cartesianos?

5. Dibuja los ejes cartesianos y calíbralos, teniendo en cuenta la respuesta a la cuestión anterior.

6. Representa los pares ordenados correspondientes a una de las funciones y únelos, formando una línea poligonal.

7. Haz lo mismo con la/s otra/s función/funciones para obtener su/s gráfica/s. Usa un color diferente para cada función.

8. Revisa todos los pasos anteriores y asegúrate de que las gráficas de todas las funciones estén construidas correctamente. Ello da respuesta al apartado *a)*. Marca esta casilla cuando lo hayas hecho. ☐

9. Observa la gráfica de la función con la que se indica la temperatura que hizo el primer día. ¿Cuál es su valor máximo? ¿A qué valor de la variable independiente corresponde?

10. ¿Y su valor mínimo? ¿A qué valor de la variable independiente corresponde?

11. Contesta a las preguntas formuladas en el apartado *b)*, teniendo en cuenta las respuestas a las dos cuestiones anteriores.

12. ¿Qué tiene que ocurrir para que los charcos se congelen?

13. Entonces, ¿en qué momento del primer día estuvieron los charcos congelados? ¿Por qué?

14. ¿Y en el segundo día? ¿En qué momento estuvieron los charcos congelados? Argumenta la respuesta.

Las respuestas a las dos cuestiones anteriores resuelven el apartado *c)*.

15. Localiza los puntos en los que se cortan las gráficas de las funciones y escribe sus coordenadas.

16. ¿Qué significa que las gráficas de las funciones se corten en un punto?

17. Resuelve el apartado *d)*, teniendo en cuenta las respuestas a las dos cuestiones anteriores.

18. ¿Cuánto tiempo tiene que transcurrir desde las 24:00 h de un día hasta que sean las 00:00 h del día siguiente? Justifica la respuesta.

19. Entonces, ¿cuál es la respuesta al apartado *e)* del problema?

20. Responde al apartado *f)* del problema.

21. ¿Cómo se explica que los dos días hiciera una temperatura de 9 °C a las 24:00 h?

22. Observa las gráficas de las funciones. ¿En qué tramos está la gráfica correspondiente al segundo día por encima de la/s otra/s?

23. Contesta a la pregunta del apartado *g)*, teniendo en cuenta la respuesta a la cuestión anterior.

➤ Se ha realizado una encuesta para conocer los hábitos de higiene dental del alumnado de 2.º de ESO. Para ello, se ha pedido a 50 estudiantes de este nivel que respondan a esta pregunta, de manera anónima: «¿Cuántas veces te has cepillado los dientes en los últimos siete días?».

1. ¿Qué significa que se responda a la pregunta de manera anónima?

2. ¿Consideras necesario que la pregunta se formule de manera anónima? ¿Por qué?

3. ¿Cuál es la población de este estudio estadístico?

4. ¿Se ha realizado el estudio con la población completa o con una muestra? Razona la respuesta.

5. ¿Cuál es la variable estadística? ¿De qué tipo es?

6. A continuación, se muestran las respuestas que dieron los encuestados, ordenadas de manera aleatoria. ¿Es este el mejor modo de organizar los datos? Justifica la respuesta.

14, 7, 14, 21, 10, 21, 21, 0, 7, 14, 14, 14, 7, 0, 21, 14, 10,
21, 7, 14, 14, 3, 7, 14, 21, 14, 14, 21, 7, 7, 14, 0, 14, 14, 7, 21,
0, 14, 14, 7, 21, 50, 21, 14, 0, 14, 14, 21, 0, 7

7. Construye una tabla de frecuencias absolutas y relativas con los datos recogidos en la encuesta.

8. ¿Cuál es la moda? ¿Por qué?

9. Calcula la media.

10. Determina la mediana, indicando los pasos que se van dando.

11. Imagina que dos de estas tres medidas de centralización fueran iguales. ¿Sería posible?

12. ¿Sería posible que fueran iguales las tres? En caso afirmativo, da un ejemplo; en caso negativo, explica por qué.

13. ¿Tendría sentido que la moda fuera un número decimal? Justifica la respuesta.

14. ¿Y que lo fuera la media?

15. ¿Cuántas veces al día, por término medio, se cepillaron los dientes los encuestados en los últimos siete días?

➤ Lorena lanza un dado con las caras numeradas del 1 al 12. ¿Cuál es la probabilidad de que el resultado sea un número primo?

1. ¿Cuántas caras tiene el dado que lanza Lorena? ¿De qué cuerpo geométrico tiene forma?

2. ¿Cuál es el espacio muestral asociado a este experimento? ¿Cuántos sucesos elementales lo forman?

3. Consideramos el suceso A = {El resultado del lanzamiento del dado es un número primo}. ¿Cuáles son los sucesos elementales que componen el suceso A?

> Ten en cuenta
>
> Aunque el número 1 no tiene otros divisores, no se considera un número primo.

4. Entonces, ¿cuál es el número de casos favorables al suceso A?

5. Aplica la regla de Laplace para calcular la probabilidad del suceso A, teniendo en cuenta las respuestas a las cuestiones 2 y 4.

6. Responde a la pregunta planteada en el enunciado.

> ➤ Federico y Rosa lanzan a la vez una moneda cada uno. ¿Cuál es la probabilidad de que los dos obtengan «cara»?
>
>   1. ¿Cuántos resultados distintos pueden darse si Federico saca «cara» en su moneda? ¿Cuáles son?
>
>   2. ¿Y si Federico saca «cruz»?
>
>   3. Entonces, ¿cuántos resultados posibles hay en total? ¿Cuáles son?
>
>   4. ¿Tienen todos estos resultados la misma probabilidad de ocurrir o hay alguno más probable que otro? Justifica la respuesta.
>
>   5. Entonces, ¿se puede aplicar la regla de Laplace? ¿Por qué?
>
>   6. Consideramos el suceso A = {Los dos obtienen «cara»}. Calcula la probabilidad del suceso A, teniendo en cuenta las respuestas a las cuestiones 3 y 5.
>
>   7. Responde a la pregunta formulada en el enunciado.

> ➤ Paco ha olvidado el número PIN de su teléfono móvil. Sabe que está formado por las cifras 2, 4, 6 y 8, pero no recuerda en qué orden, así que las escribe al azar. ¿Cuál es la probabilidad de que Paco introduzca el PIN correcto?
>
>   1. ¿Cuántas cifras tiene el número PIN de un teléfono móvil?
>
>   2. Imagina que Paco escribe el número 2 en la primera posición y el número 4 en la segunda. ¿Cuántos números PIN podría formar cambiando el orden del resto de las cifras? ¿Cuáles son?
>
>   3. ¿Y si escribe el número 2 en la primera posición y el 6 en la segunda?

4. ¿Y si escribe primero el 2 y luego el 8?

5. En resumen, ¿cuántos números PIN puede formar que empiecen por 2?

6. Actuando de la misma forma, podemos averiguar cuántos números PIN puede formar que empiecen por 4. ¿Cuántos hay? ¿Cuáles son?

7. ¿Y que empiecen por 6? ¿Cuántos números PIN puede formar? ¿Cuáles son?

8. Por último, ¿cuántos números PIN puede formar que empiecen por 8? ¿Cuáles son?

9. Entonces, ¿cuántos números PIN puede formar en total usando las cifras 2, 4, 6 y 8?

10. De todos estos números PIN, ¿cuántos pueden ser correctos?

11. Consideramos el suceso A = {Paco introduce el PIN correcto}. Calcula la probabilidad del suceso A, usando la regla de Laplace y teniendo en cuenta las respuestas a las dos cuestiones anteriores.

12. Responde a la pregunta del enunciado.

13. ¿Tendría sentido que se hubiera obtenido un número natural? Justifica la respuesta.

14. ¿Y que el resultado fuera negativo? ¿Por qué?

➤ Desde un punto P, situado a 7 cm de una circunferencia cuyo radio mide 2 cm, se traza una recta tangente a esta. Calcula la longitud del segmento PT, siendo T el punto de tangencia entre la recta y la circunferencia.

1. Realiza un dibujo para mostrar la situación, incluyendo los datos del enunciado. Representa el centro de la circunferencia con la letra O y traza el radio que va de O al punto T.

2. ¿A qué distancia del centro de la circunferencia se encuentra el punto P? Justifica la respuesta.

3. ¿Cómo es el ángulo que forma el radio OT con la recta tangente?

4. Entonces, ¿de qué tipo es el triángulo cuyos vértices son los puntos O, T y P?

5. De este triángulo se conocen dos lados. ¿Cuánto miden?

6. ¿Qué teorema se puede utilizar para calcular el otro lado?

7. Representa con la letra x el lado desconocido del triángulo y aplica el mencionado teorema para calcular su valor.

8. ¿Qué relación hay entre el valor de x y la longitud del segmento que se quiere calcular? Argumenta la respuesta.

9. Contesta a la pregunta planteada en el enunciado, teniendo en cuenta la respuesta a la cuestión anterior.

10. ¿Sería lógico que el resultado fuera un número decimal?

11. ¿Y que fuera un número negativo?

> Inma vive en una casa de campo situada en el interior de una parcela rectangular de 38 m de ancho y 55 m de largo. Dentro de la parcela, además de la casa, hay una piscina con forma semicircular de 8 m de diámetro, una zona de aparcamiento con forma de romboide de 6 m de largo y 5 m de ancho, un merendero con forma de rombo cuyas diagonales miden, respectivamente, 3 m y 4 m y una zona de juegos con una extensión de 90 m². La planta de la vivienda ocupa una superficie de 185 m², incluyendo el porche, y se destina un total de 250 m² a caminos y senderos para la circulación de vehículos y el paseo a pie. El resto de la parcela está ocupada por jardines y árboles frutales. ¿Qué superficie ocupa la zona destinada a jardines y árboles frutales?

1. Realiza un dibujo de la parcela, incluyendo los distintos elementos que hay en su interior, sin prestar atención a su localización ni a la escala de la representación. Escribe las medidas conocidas en los lugares adecuados.

2. Calcula la superficie de cada una de las figuras que se citan en el enunciado, indicando previamente la fórmula adecuada para ello.

3. Determina la superficie total que ocupan todos los elementos interiores a la parcela cuyas áreas se conocen. Para ello, haz uso de las respuestas a la cuestión anterior y de los datos del enunciado.

4. Halla la superficie de la zona destinada a jardines y árboles frutales, teniendo en cuenta la respuesta a la cuestión anterior y la superficie que ocupa la parcela completa.

5. Contesta a la pregunta planteada.

> La altura de una nave industrial es de 7 m, y su planta tiene forma de trapecio rectángulo cuyos lados paralelos están separados por 26 m y tienen una longitud de 40 m y 48 m, respectivamente. Se pretende recubrir la nave con material aislante, con un precio de 22 €/m^2 para las paredes, y 34 €/m^2 para el techo. ¿Cuál será el coste total de la instalación del material aislante?

1. Realiza un dibujo de la planta de la nave industrial e indica la longitud de los lados que se conocen. Señala con una x la longitud que hace falta calcular para poder hallar el perímetro de la planta de la nave. Traza con línea discontinua una altura del trapecio, de manera que pueda servir para determinar el valor de x, y escribe su longitud en un lugar adecuado. Escribe también la longitud del segmento que se forma «bajo» el lado oblicuo del trapecio (su proyección sobre el lado que mide 48 m).

2. ¿Qué teorema se puede utilizar para calcular el valor de x?

3. Aplica el teorema y halla el valor de x.

4. Calcula el perímetro de la planta de la nave industrial.

5. Determina la superficie conjunta de las cuatro paredes de la nave industrial, teniendo en cuenta la respuesta a la cuestión anterior y el dato relativo a la altura de la nave.

6. Entonces, ¿cuánto costará colocar el material aislante en las paredes de la nave?

7. ¿Qué fórmula se puede utilizar para calcular la superficie del techo de la nave industrial?

8. Aplica esta fórmula y halla la superficie del techo de la nave industrial.

9. En consecuencia, ¿cuánto costará instalar el material aislante en el techo de la nave industrial?

10. Determina el coste total de la colocación del material aislante, teniendo en cuenta las respuestas a las cuestiones 6 y 9.

11. Responde a la pregunta planteada.

➤ El contorno de una lata de refresco cilíndrica que contiene 33 cl mide 21 cm. ¿Cuáles son las dimensiones de la lata? ¿Qué superficie ocupa la lámina de aluminio con la que está fabricada?

1. ¿Qué es el contorno de una lata cilíndrica? ¿Con qué elemento geométrico del cilindro coincide su medida?

2. Realiza un dibujo en el que se muestre la lata de refresco, incluyendo los datos conocidos.

3. Teniendo en cuenta el dato relativo a la medida del contorno de la lata, ¿qué fórmula se puede utilizar para calcular el radio de la base?

4. Sustituye los valores correspondientes en esta fórmula y determina el radio de la base. Utiliza 3,14 como aproximación del número π.

5. Expresa el volumen de la lata en centímetros cúbicos. Ten en cuenta que 1 L equivale a 1 dm³.

6. ¿Cuál es la fórmula adecuada para calcular la altura de la lata a partir del dato anterior?

7. Sustituye los datos oportunos en esta fórmula y halla la altura de la lata. De nuevo, utiliza 3,14 como aproximación del número π.

8. Responde a la primera pregunta formulada en el enunciado.

9. ¿Qué fórmula se puede utilizar para calcular la superficie de la lámina de aluminio con que está hecha la lata?

10. ¿Se conocen todos los datos necesarios para aplicar esta fórmula? En caso negativo, calcúlalos a partir de la información disponible.

11. Sustituye los datos en la fórmula y determina la superficie pedida. Utiliza nuevamente 3,14 como aproximación del número π.

12. Responde a la segunda pregunta del enunciado.

➤ La caña de un bolígrafo de plástico tiene forma de prisma hexagonal de 133 mm de altura y 7 mm de diámetro externo. En su interior, hay un hueco cilíndrico de 4 mm de diámetro que la atraviesa longitudinalmente de un extremo a otro, que sirve para alojar la carga de tinta. ¿Qué cantidad de plástico se necesita para fabricar la caña de este bolígrafo?

1. ¿Qué es un prisma hexagonal?

2. ¿Qué quiere decir que, en el interior de la caña del bolígrafo, hay un hueco cilíndrico que la atraviesa longitudinalmente de un extremo a otro?

3. Realiza un dibujo en el que se muestre cómo es la caña del bolígrafo, teniendo en cuenta su forma y la del hueco que hay en su interior.

4. ¿Qué es el diámetro externo?

5. ¿Qué relación hay entre el diámetro externo y el radio del polígono que forma la base del prisma?

6. Entonces, ¿cuánto mide el radio del polígono que forma la base del prisma?

7. Teniendo en cuenta la respuesta a la cuestión anterior, el tipo de polígono que forma la base del prisma y una propiedad que solo cumple este tipo de polígonos, indica cuánto mide su lado. Justifica la respuesta.

8. ¿Cuál es la fórmula que se utiliza para calcular el área de este polígono?

9. Calcula uno de los datos que hay que sustituir en la fórmula anterior, teniendo en cuenta la respuesta a la cuestión 7.

10. Calcula el otro dato necesario, aplicando el teorema de Pitágoras. Previamente, haz un dibujo con el que se represente la situación. Argumenta la respuesta. Redondea el resultado a cuatro cifras decimales.

11. Halla el área del polígono que forma la base del prisma. Conserva las cinco cifras decimales.

12. ¿Cuál es la fórmula del volumen de un prisma?

13. Sustituye los datos en la fórmula anterior y calcula el volumen del prisma. Redondea el resultado a dos cifras decimales.

14. Ahora, vamos a determinar el volumen que ocuparía el cilindro que forma el hueco de la caña del bolígrafo. ¿Qué fórmula hay que utilizar?

15. ¿Se conocen todos los datos necesarios para aplicar esta fórmula? Si la respuesta es negativa, calcúlalos a partir de toda la información disponible.

16. Sustituye los datos en la fórmula y calcula el volumen del cilindro. Utiliza 3,14 como aproximación del número π.

17. Observa las respuestas a las cuestiones 3, 13 y 16. ¿Qué operación hay que realizar para determinar la cantidad de plástico que tiene la caña del bolígrafo?

18. Efectúa esta operación.

19. Finalmente, expresa el resultado anterior en centímetros cúbicos y redondea a dos cifras decimales.

20. Responde a la pregunta planteada.

21. Imagina que se hubiera obtenido un resultado negativo. ¿Tendría sentido? ¿Por qué?

RESOLUCIÓN
DE LOS PROBLEMAS

PARA ENTENDER EL PROBLEMA

1. Lee los siguientes enunciados y señala la opción correcta en cada caso. Justifica las respuestas.

> En una clase de 2.º de ESO hay 27 estudiantes, entre chicos y chicas. Los chicos representan las 3/5 partes del grupo. ¿Cuántas chicas hay?

☐ No puedo responder a la pregunta porque faltan datos.

☒ No puedo responder a la pregunta porque hay datos absurdos o sin sentido.

☐ Sí puedo responder a la pregunta, pero hay datos de sobra.

☐ Sí puedo responder a la pregunta, porque están los datos necesarios, ni más ni menos.

Justificación: *como 27 no es divisible entre 5, el resultado de calcular 3/5 de 27 no es exacto, lo cual es absurdo, pues la cantidad de chicos debe ser un número natural.*

> A principios de mes, Ramiro tenía 3428,64 € en su cuenta bancaria. Posteriormente, le cargaron un total de 213,15 € por diversos recibos, 250 € de la tarjeta de crédito y 560 € de la hipoteca. Además, extrajo 320 € del cajero automático. El último día del mes recibió el ingreso de su nómina, por un importe de 1540 €. ¿Cuál era el saldo de su cuenta tras el abono de la nómina?

☐ No puedo responder a la pregunta porque faltan datos.

☐ No puedo responder a la pregunta porque hay datos absurdos o sin sentido.

☐ Sí puedo responder a la pregunta, pero hay datos de sobra.

☒ Sí puedo responder a la pregunta, porque están los datos necesarios, ni más ni menos.

Justificación: *como se conoce el saldo inicial de la cuenta y los distintos cargos e ingresos realizados, es posible calcular el saldo final, efectuando estas operaciones:*

$$3428,64 - (213,15 + 250 + 560 + 320) + 1540$$

➤ Gertrudis ha comprado una vivienda de 90 m² cuyo precio era de 145 000 €. Además, ha tenido que pagar una serie de gastos, que se corresponden con el 12 % de su precio. ¿Cuánto ha pagado Gertrudis en total?

☐ No puedo responder a la pregunta porque faltan datos.

☐ No puedo responder a la pregunta porque hay datos absurdos o sin sentido.

☒ Sí puedo responder a la pregunta, pero hay datos de sobra.

☐ Sí puedo responder a la pregunta, porque están los datos necesarios, ni más ni menos.

Justificación: *para responder a la pregunta, no hace falta conocer la superficie de la vivienda.*

➤ Un avión se acerca a una zona de turbulencias, por lo que aumenta su altitud en 750 m, a fin de evitarla. Una vez pasada la zona de turbulencias, desciende 1240 m y, posteriormente, sube 180 m. ¿A qué altura se encuentra el avión en ese momento?

☒ No puedo responder a la pregunta porque faltan datos.

☐ No puedo responder a la pregunta porque hay datos absurdos o sin sentido.

☐ Sí puedo responder a la pregunta, pero hay datos de sobra.

☐ Sí puedo responder a la pregunta, porque están los datos necesarios, ni más ni menos.

Justificación: *sería necesario conocer la altura a la que se encontraba el avión antes de llegar a la zona de turbulencias.*

➤ Las 4/5 partes de los 845 estudiantes de un instituto fueron a clase en bicicleta para celebrar el «día escolar de la bici», mientras que las 2/5 partes no usaron este medio de transporte. ¿Cuántos estudiantes fueron a clase en bicicleta ese día? ¿Cuántos no?

☐ No puedo responder a la pregunta porque faltan datos.

☒ No puedo responder a la pregunta porque hay datos absurdos o sin sentido.

☐ Sí puedo responder a la pregunta, pero hay datos de sobra.

☐ Sí puedo responder a la pregunta, porque están los datos necesarios, ni más ni menos.

Justificación: *las fracciones del enunciado no suman la unidad, como debería ocurrir para que el enunciado tenga sentido.*

➢ La resolución de la cámara fotográfica del teléfono móvil de Clara es el doble de la del de Lorena. ¿Cuál es la resolución de cada cámara fotográfica, si la suma de sus resoluciones es igual a 36 megapíxeles?

☐ No puedo responder a la pregunta porque faltan datos.

☐ No puedo responder a la pregunta porque hay datos absurdos o sin sentido.

☐ Sí puedo responder a la pregunta, pero hay datos de sobra.

☒ Sí puedo responder a la pregunta, porque están los datos necesarios, ni más ni menos.

Justificación: *llamando x a la resolución de la cámara del teléfono de Lorena, la resolución de la cámara de Clara es 2x, pues tiene el doble de resolución, según el enunciado. Entonces, el problema puede resolverse con la ecuación 2x + x = 36, la cual tiene una única solución.*

➢ La densidad de un material es de 1,8 kg/L. ¿Cuánto pesarán 7 L de este material, sabiendo que 3 L pesan 5,4 kg?

☐ No puedo responder a la pregunta porque faltan datos.

☐ No puedo responder a la pregunta porque hay datos absurdos o sin sentido.

☒ Sí puedo responder a la pregunta, pero hay datos de sobra.

☐ Sí puedo responder a la pregunta, porque están los datos necesarios, ni más ni menos.

Justificación: *para calcular el peso de 7 L de este material, es suficiente con conocer la densidad o lo que pesan 3 L; no hace falta disponer de los dos datos.*

➤ Una cuadrilla de 16 trabajadores tarda 10 días en recoger las uvas de una viña. ¿Cuántas horas tardarían 20 trabajadores en hacer el mismo trabajo?

☒ No puedo responder a la pregunta porque faltan datos.

☐ No puedo responder a la pregunta porque hay datos absurdos o sin sentido.

☐ Sí puedo responder a la pregunta, pero hay datos de sobra.

☐ Sí puedo responder a la pregunta, porque están los datos necesarios, ni más ni menos.

Justificación: *no se sabe cuántas horas diarias trabajan. Por tanto, con los datos del enunciado, se podría calcular el número de días de trabajo (suponiendo que todos los trabajadores van al mismo ritmo), pero no la cantidad de horas.*

➤ Un coche que circula a una velocidad de 100 km/h tarda 3 h en ir de la ciudad A a la ciudad B. ¿Cuánto tardaría en hacer el recorrido inverso si viajara a 120 km/h?

☐ No puedo responder a la pregunta porque faltan datos.

☐ No puedo responder a la pregunta porque hay datos absurdos o sin sentido.

☐ Sí puedo responder a la pregunta, pero hay datos de sobra.

☒ Sí puedo responder a la pregunta, porque están los datos necesarios, ni más ni menos.

Justificación: *conociendo la velocidad en el trayecto de ida de la ciudad A a la ciudad B y el tiempo empleado, es posible hallar la distancia entre las dos ciudades, sin más que multiplicar ambos datos. A partir de este resultado, dividiéndolo por la velocidad en el recorrido inverso, podemos obtener el tiempo empleado, como se pide en el enunciado.*

➤ Judit pesa 54 kg y mide 1,62 m. ¿Cuál es la estatura de Sofía, si su peso es de 60 kg?

☒ No puedo responder a la pregunta porque faltan datos.

☐ No puedo responder a la pregunta porque hay datos absurdos o sin sentido.

☐ Sí puedo responder a la pregunta, pero hay datos de sobra.

☐ Sí puedo responder a la pregunta, porque están los datos necesarios, ni más ni menos.

Justificación: *las magnitudes «estatura» y «peso» no guardan una relación de proporcionalidad, por lo que no es posible calcular la altura de una persona conociendo su peso y la estatura y el peso de otra persona. Como es natural, hay personas con distinto peso, aunque tengan la misma estatura, y también hay personas con distinta estatura y con el mismo peso.*

➢ Santos se encuentra en el punto de coordenadas (8, 5). Desde allí, circulando con su ciclomotor a una velocidad de 30 km/h, hace el siguiente recorrido: 2 km al este, 6 km al sur, 3 km al oeste, 1 km al noroeste, 4 km al oeste y 5 km al norte. ¿Cuáles son las coordenadas del punto donde Santos termina su recorrido?

☐ No puedo responder a la pregunta porque faltan datos.

☐ No puedo responder a la pregunta porque hay datos absurdos o sin sentido.

☒ Sí puedo responder a la pregunta, pero hay datos de sobra.

☐ Sí puedo responder a la pregunta, porque están los datos necesarios, ni más ni menos.

Justificación: *para calcular las coordenadas pedidas, no hace falta conocer ni la velocidad ni el medio de transporte empleado por Santos.*

➢ Yésica ha elaborado la gráfica de una función para mostrar la temperatura que hacía en su pueblo a las distintas horas de un día. En la gráfica se puede observar que la temperatura máxima, de 31 °C, se alcanzó a las 16:00 h y que la mínima, de 18 °C, se mantuvo desde las 4:00 h hasta las 6:00 h. ¿En qué momento de la tarde la temperatura era de 32 °C, teniendo en cuenta que la gráfica está formada por tramos rectos?

☐ No puedo responder a la pregunta porque faltan datos.

☒ No puedo responder a la pregunta porque hay datos absurdos o sin sentido.

☐ Sí puedo responder a la pregunta, pero hay datos de sobra.

☐ Sí puedo responder a la pregunta, porque están los datos necesarios, ni más ni menos.

Justificación: *si la temperatura máxima fue de 31 °C, no es posible que se alcanzaran los 32 °C.*

➢ El rodapié de una habitación rectangular mide un total de 20 m (lineales). ¿Cuál es la superficie de la habitación?

☒ No puedo responder a la pregunta porque faltan datos.

☐ No puedo responder a la pregunta porque hay datos absurdos o sin sentido.

☐ Sí puedo responder a la pregunta, pero hay datos de sobra.

☐ Sí puedo responder a la pregunta, porque están los datos necesarios, ni más ni menos.

Justificación: *para calcular la superficie de un rectángulo, no basta con conocer el perímetro, porque se pueden formar distintos rectángulos con un mismo perímetro. Sería necesario conocer, además, la longitud de alguno de sus lados.*

➢ Un brik con forma de prisma de base cuadrada cuyo lado mide 7 cm contiene 1 L de zumo y está completamente lleno. ¿Cuál es la altura del brik?

☐ No puedo responder a la pregunta porque faltan datos.

☐ No puedo responder a la pregunta porque hay datos absurdos o sin sentido.

☐ Sí puedo responder a la pregunta, pero hay datos de sobra.

☒ Sí puedo responder a la pregunta, porque están los datos necesarios, ni más ni menos.

Justificación: *la fórmula del volumen de un prisma de base cuadrada es: $V = l^2 \cdot h$. Como se conoce el volumen (V) y el lado de la base (l), se puede calcular la altura (h), sin más que despejar.*

➢ Cada uno de los lados iguales de un triángulo isósceles mide 26 cm. Al trazar la altura correspondiente a la base del triángulo, esta queda dividida en dos segmentos, de 5 cm y 9 cm, respectivamente. ¿Cuánto mide la altura trazada?

☐ No puedo responder a la pregunta porque faltan datos.

☒ No puedo responder a la pregunta porque hay datos absurdos o sin sentido.

☐ Sí puedo responder a la pregunta, pero hay datos de sobra.

☐ Sí puedo responder a la pregunta, porque están los datos necesarios, ni más ni menos.

Justificación: *la altura correspondiente a la base de un triángulo isósceles divide a esta en dos segmentos de igual longitud, por lo que no es posible que uno mida 5 cm y el otro 9 cm.*

➢ Una lata de tomate frito tiene forma cilíndrica. El lado de la base mide 5 cm y tiene una altura de 16 cm. ¿Cuál es el volumen de la lata de tomate frito?

☐ No puedo responder a la pregunta porque faltan datos.

☒ No puedo responder a la pregunta porque hay datos absurdos o sin sentido.

☐ Sí puedo responder a la pregunta, pero hay datos de sobra.

☐ Sí puedo responder a la pregunta, porque están los datos necesarios, ni más ni menos.

Justificación: *como la lata de tomate frito tiene forma cilíndrica, su base debe ser circular. En consecuencia, no tiene sentido considerar el lado de la base, ya que este no existe.*

➢ La sombra de un palo colocado en vertical mide 0,8 m. ¿Cuál es la altura de un obelisco que en ese momento proyecta una sombra de 5 m?

☒ No puedo responder a la pregunta porque faltan datos.

☐ No puedo responder a la pregunta porque hay datos absurdos o sin sentido.

☐ Sí puedo responder a la pregunta, pero hay datos de sobra.

☐ Sí puedo responder a la pregunta, porque están los datos necesarios, ni más ni menos.

Justificación: *para poder aplicar el teorema de Tales o resolverlo usando proporcionalidad, sería necesario conocer la altura del palo.*

➤ Begoña ha fotocopiado una lámina de tamaño DIN-A4 (210 mm × 297 mm), reduciéndola a escala. La fotocopia tiene unas dimensiones de 147 mm × 207,9 mm. ¿En qué porcentaje ha reducido Begoña la lámina al fotocopiarla?

☐ No puedo responder a la pregunta porque faltan datos.

☐ No puedo responder a la pregunta porque hay datos absurdos o sin sentido.

☒ Sí puedo responder a la pregunta, pero hay datos de sobra.

☐ Sí puedo responder a la pregunta, porque están los datos necesarios, ni más ni menos.

Justificación: *para calcular el porcentaje de reducción de la lámina, teniendo en cuenta que Begoña ha hecho la fotocopia a escala, es suficiente con conocer los datos referidos a un lado. No hace falta disponer de las dos dimensiones, ni de la lámina original ni de la fotocopia.*

2. Lee los siguientes enunciados e indica si es posible contestar a cada pregunta. Justifica la respuesta.

➤ En una agencia de viajes, han hecho una encuesta para conocer el país europeo que prefieren sus clientes como destino turístico. Los resultados obtenidos aparecen en las tablas. ¿Cuál es la media?

País	Alemania	España	Francia	Grecia	Holanda	Italia
Número de personas	28	85	93	47	110	61

País	Portugal	Reino Unido	República Checa	Suiza	Otros
Número de personas	36	74	89	96	104

☐ Sí puedo responder a la pregunta.

☒ No puedo responder a la pregunta.

Justificación: *la variable estadística es cualitativa, pues no se trata de datos numéricos, por lo que no tiene sentido hablar de la media.*

> En una bolsa, hay cuatro tipos de caramelos: de fresa, de manzana, de menta y de cola. ¿Cuál es la probabilidad de que, al sacar un caramelo sin mirar, sea de manzana?

☐ Sí puedo responder a la pregunta.

☒ No puedo responder a la pregunta.

Justificación: *sería necesario conocer la cantidad de caramelos que hay de cada tipo, para poder aplicar la regla de Laplace.*

> Valentina ha hecho girar 100 veces una ruleta formada por tres colores y ha obtenido los siguientes resultados: azul, 32 veces; rojo, 57 veces; verde, 11 veces. ¿Cuál es aproximadamente la probabilidad que tiene cada color de salir?

☒ Sí puedo responder a la pregunta.

☐ No puedo responder a la pregunta.

Justificación: *como se conoce el número total de veces que Valentina ha girado la ruleta y la cantidad de veces que ha salido cada resultado, se puede hacer la división de estos números para obtener la frecuencia relativa de cada color, que es una aproximación de la probabilidad que tiene cada color de salir.*

> Guillermo ha metido en una caja su colección de monedas, formada por 80 monedas de la zona euro, 12 de Reino Unido, seis de Dinamarca, 17 de Estados Unidos, tres de Brasil, cuatro de Bolivia, siete de Nueva Zelanda, cinco de Japón y seis de China. Si coge una moneda sin mirar, ¿cuál es la probabilidad de que sea de Perú?

☒ Sí puedo responder a la pregunta.

☐ No puedo responder a la pregunta.

Justificación: *el hecho de que no tenga ninguna moneda de Perú en su colección no significa que no se pueda calcular la probabilidad de que saque una; simplemente, dicha probabilidad sería igual a cero.*

3. Indica si las magnitudes mostradas a continuación son directamente proporcionales (D), inversamente proporcionales (I) o ni una cosa ni la otra (N).

	D	I	N
El número de ventanas y la cantidad de plantas de un edificio	○	○	⊗
El número de mensajes recibidos en un teléfono móvil y el tiempo invertido en leerlos	○	○	⊗
La velocidad de un coche y el tiempo empleado en hacer un determinado recorrido	○	⊗	○
La velocidad de un coche y la distancia recorrida en un determinado tiempo	⊗	○	○
El precio de un cuaderno y el número de cuadernos que se pueden comprar con 40 €	○	⊗	○
El precio de un cuaderno y el número de cuadernos vendidos en una papelería	○	○	⊗
La cantidad de cuadernos vendidos en una papelería y el dinero ingresado por su venta	⊗	○	○
La resolución de las fotografías tomadas y el número de fotografías que pueden almacenarse en la memoria de un teléfono móvil	○	⊗	○
El tamaño de una fotografía y la cantidad de tinta necesaria para imprimirla	⊗	○	○
La cantidad de lechuga empleada y el tamaño de una ensalada	⊗	○	○
El número de comensales y la cantidad de ensalada que cada uno toma	○	⊗	○
El número de horas de trabajo y el sueldo de una «limpiadora por horas»	⊗	○	○
El cociente entre la longitud de una circunferencia y su diámetro	○	○	⊗

	D	I	N
La altura de una lata de conservas y la cantidad de producto que contiene			⊗
El número de trabajadores y la cantidad de almendras recolectadas en un día	⊗		
El número de trabajadores y el tiempo empleado en recolectar 20 000 kg de almendras		⊗	
El número de asistentes a una celebración y la cantidad de sillas necesarias	⊗		
El tiempo que tarda en llenarse un pantano y la cantidad de lluvia registrada		⊗	
El tamaño de una pelota y el número de pelotas que caben en un saco de 50 L		⊗	
Las dimensiones de un cuadro y su precio			⊗

4. Indica si las siguientes relaciones se corresponden o no con funciones, señalando la letra «S» o la letra «N».

	S	N
Edad/peso de los estudiantes de un grupo de 2.º de ESO		⊗
Profesión/sueldo de los habitantes de España		⊗
Radio/superficie de un círculo	⊗	
Edad/número de hermanos de los empleados de un hospital		⊗
Fecha/precio de las acciones de una determinada empresa	⊗	
Extensión de un parque/número de árboles que hay en su interior		⊗

	S	N
Ingresos mensuales/aportaciones a Hacienda de los empresarios y autónomos	⊗	◯
Modelo de teléfono móvil/precio de venta en España	◯	⊗
Número de desempleados/gasto del Gobierno en prestaciones por desempleo	⊗	◯
Municipios de España/litros de agua consumidos en 2023 por cada uno	⊗	◯
Votos conseguidos por un partido político/escaños que le corresponden	⊗	◯
Marca de champú usado/número de pelos de los habitantes de una ciudad	◯	⊗

5. Observa la resolución de los siguientes problemas y rellena los huecos de sus enunciados.

➤ Eugenio se compró un _televisor_ y un ordenador portátil, aprovechando que un centro comercial ofrecía un _15_ % de descuento en todos los artículos. Antes de la rebaja, el precio del televisor era de _699_ €, y el del ordenador, de _525_ €. ¿Cuánto se gastó Eugenio en total?

Para calcular el precio del televisor después de la rebaja, hallamos el 15 % de su precio inicial y restamos:

$$15 \% \text{ de } 699 = \frac{15}{100} \cdot 699 = \frac{3}{20} \cdot 699 = \frac{3 \cdot 699}{20} = 104,85$$

$$699 - 104,85 = 594,15 \text{ €}$$

Análogamente, determinamos el precio final del ordenador portátil:

$$15 \% \text{ de } 525 = \frac{15}{100} \cdot 525 = \frac{3}{20} \cdot 525 = \frac{3 \cdot 525}{20} = 78,75$$

$$525 - 78,75 = 446,25 \text{ €}$$

Finalmente, sumamos los resultados obtenidos:

$$594,15 + 446,25 = 1040,40 \text{ €}$$

Solución: en total, Eugenio se gastó 1040,40 €.

➢ Anselmo invirtió _23 360_ € en comprar _4000_ acciones de una empresa de telecomunicaciones y _40 000_ € en un depósito a un año de plazo, con una rentabilidad del _1,7_ % anual. Cuando venció el depósito, vendió todas las acciones, por _6,02_ € cada una. ¿Qué beneficio obtuvo Anselmo en total?

En primer lugar, calculamos el beneficio que obtuvo Anselmo con las acciones:

Como compró 4000 acciones y las vendió por 6,02 € cada una, ingresó 24 080 €, pues 4000 · 6,02 = 24 080.

Ahora bien, como invirtió 23 360 € en comprarlas, para hallar el beneficio, restamos:

$$24\ 080 - 23\ 360 = 720\ €$$

En segundo lugar, calculamos el beneficio que obtuvo Anselmo con el depósito:

$$1,7\ \%\ \text{de}\ 40\ 000 = \frac{1,7}{100} \cdot 40\ 000 = \frac{1,7 \cdot 40\ 000}{100} = 680\ €$$

Por último, sumamos los resultados obtenidos:

$$720 + 680 = 1400\ €$$

Solución: en total, Anselmo obtuvo un beneficio de 1400 €.

➢ ¿Qué cifra se debe colocar _delante_ del número _3674_ para obtener un número de _cinco_ cifras que sea divisible por _9_?

Para que un número sea divisible por 9, según el criterio de divisibilidad, es necesario que la suma de sus cifras también lo sea.

Como la suma de las cifras del número 3674 es igual a 20 (claramente, 3 + 6 + 7 + 4 = 20), la cifra que debe colocarse delante tiene que ser 7, porque así, al sumar las cinco cifras, se obtiene 27, que es divisible por 9.

Solución: para obtener un número de cinco cifras que sea divisible por 9, se debe colocar delante la cifra 7.

➢ *Saúl* practica deporte cada día y consume habitualmente *bebida isotónica*: por la mañana, toma *1/8* de litro; al mediodía, *1/5* de litro; por la tarde, *1/3* de litro; y, *antes de acostarse*, un pequeño vaso de *1/20* de litro. ¿Qué cantidad de *bebida isotónica* toma *Saúl* cada día?

Para resolver el problema, sumamos la cantidad de bebida isotónica que Saúl toma en cada momento del día: por la mañana, al mediodía, por la tarde y antes de acostarse. Así, tenemos:

$$\frac{1}{8}+\frac{1}{5}+\frac{1}{3}+\frac{1}{20}=\frac{15}{120}+\frac{24}{120}+\frac{40}{120}+\frac{6}{120}=\frac{85}{120}=\frac{17}{24}$$

Solución: Saúl toma cada día 17/24 de litro de bebida isotónica.

➢ *Samuel* se ha comprado un par de zapatos, unos pantalones y *una chaqueta* por *270 €*. Los zapatos le han costado *el doble* que *los pantalones*, y *la chaqueta*, el triple. ¿Cuánto ha pagado *Samuel* por cada prenda?

Llamamos x al precio de los pantalones. Con esta notación, el coste de los zapatos es $2x$, y el de la chaqueta, $3x$. En consecuencia, podemos plantear la ecuación:

$$2x + x + 3x = 270$$

Resolviéndola, tenemos:

$$2x + x + 3x = 270 \rightarrow 6x = 270 \rightarrow x = \frac{270}{6} \rightarrow x = 45$$

Así pues:

$$2x = 2 \cdot 45 = 90$$

$$3x = 3 \cdot 45 = 135$$

Solución: Samuel ha pagado 90 € por los zapatos, 45 € por los pantalones y 135 € por la chaqueta.

> ➤ *Marcial* tiene *seis* años *más* que su mujer, y la *suma* de sus edades es igual al *doble* de la *suma* de las edades de *sus dos hijos gemelos*, quienes nacieron cuando *Marcial* tenía *32* años. ¿Cuáles son las edades de *Marcial*, de su mujer y de *sus dos hijos gemelos*?

Llamamos x a la edad de sus dos hijos gemelos (que, lógicamente, es la misma para ambos).

Como los dos hijos gemelos nacieron cuando Marcial tenía 32 años, podemos escribir la edad de Marcial con la expresión: $x + 32$

Por otra parte, dado que Marcial tiene seis años más que su mujer, para expresar la edad de su mujer, hay que restar 6 a la edad de Marcial, resultando:

$$(x + 32) - 6 = x + 26$$

Entonces, la suma de las edades de Marcial y de su mujer se puede expresar como:

$$(x + 32) + (x + 26) = 2x + 58$$

Por otro lado, la suma de las edades de sus dos hijos gemelos es $x + x = 2x$, por lo que el doble de esta suma es: $2 \cdot 2x = 4x$

Como ambas expresiones deben ser iguales, obtenemos la ecuación:

$$2x + 58 = 4x$$

Resolviéndola, resulta:

$$2x + 58 = 4x \rightarrow 4x - 2x = 58 \rightarrow 2x = 58 \rightarrow x = \frac{58}{2} \rightarrow x = 29$$

Por tanto:

$$x + 32 = 29 + 32 = 61$$

$$x + 26 = 29 + 26 = 55$$

Solución: Marcial tiene 61 años; su mujer, 55, y sus dos hijos gemelos, 29.

➤ *Salvador* tiene contratada una tarifa de teléfono móvil que consiste en llamadas ilimitadas y *60* Gb de datos mensuales para navegar por Internet a alta velocidad por *20* €/mes. Sin embargo, si agota estos *60* Gb, para continuar navegando por Internet a alta velocidad, deberá pagar *0,03* € por cada *100* Mb de datos que consuma. Si normalmente tarda *24* días en gastar los *60* Gb contratados, ¿a cuánto asciende la factura mensual de telefonía móvil de *Salvador*?

Observa

Aunque «giga» significa un millón y «mega» significa mil, en las unidades informáticas no hay esa relación, sino una aproximación, porque se utilizan potencias de 2. Así, «mega» se corresponde con $2^{10} = 1024$, que es una aproximación de 1000.

En primer lugar, calculamos el consumo mensual de datos de Salvador, expresado en Gb. Para ello, planteamos la siguiente regla de tres simple y directa:

$$\begin{cases} 24 \text{ días} \xrightarrow{\;consume\;} 60 \text{ Gb de datos} \\ 30 \text{ días} \xrightarrow{\;consume\;} x \text{ Gb de datos} \end{cases}$$

Resolviéndola, resulta:

$$x = \frac{30 \cdot 60}{24} = 75 \text{ Gb}$$

Así pues, Salvador necesita 15 Gb extra cada mes, pues 75 – 60 = 15.

Ahora, como 1 Gb = 1024 Mb, resulta que 15 Gb = 15 · 1024 = 15 360 Mb.

Entonces, la cantidad de veces que Salvador necesita consumir 100 Mb extra cada mes es:

$$\frac{15\ 360}{100} = 153{,}6$$

Por tanto, el gasto extra mensual en datos de Salvador es:

$$0{,}03 \cdot 153{,}6 = 4{,}608 \ €$$

Redondeando a dos cifras decimales esta cantidad, resulta 4,61 €.

Finalmente, sumamos la tarifa mensual fija y el gasto mensual extra:

$$20 + 4,61 = 24,61 €$$

Solución: la factura mensual de telefonía móvil de Salvador asciende a 24,61 €.

➤ Artemio sale de su casa para hacer unos recados. En primer lugar, se dirige a la panadería, invirtiendo _siete_ minutos en el trayecto y permaneciendo en ella _tres_ minutos. A continuación, va a la carnicería, que está _cuatro_ minutos más _lejos_ de su casa que la panadería, quedándose en ella _ocho_ minutos. Por último, ya de regreso a su casa, se detiene en una tienda de congelados durante _seis_ minutos y, _cinco_ minutos más tarde, llega a su casa. Teniendo en cuenta que Artemio camina siempre a una velocidad de _60_ m/min, representa la gráfica de la función con la que se indica la distancia a la que Artemio se encuentra de su casa, dependiendo del tiempo.

A partir de los datos del enunciado, obtenemos esta gráfica:

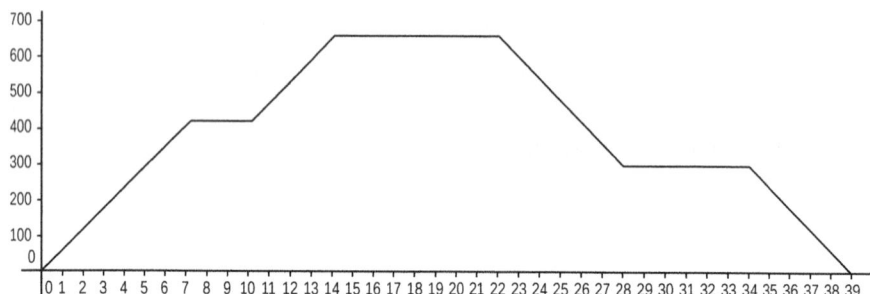

➤ Un agricultor pretende labrar un terreno de _400_ m de ancho y _700_ m de largo, usando un tractor que, al desplazarse, puede arar una franja de _4_ m de anchura. Para ello, el agricultor decide moverse en todo momento en línea recta, en paralelo al lado _mayor_ de la parcela. ¿Qué distancia total, expresada en _kilómetros_, recorrerá el agricultor con el tractor para labrar el terreno, sin tener en cuenta las maniobras que tenga que realizar para cambiar de sentido al llegar a un extremo de la parcela?

Como el agricultor se desplaza en paralelo al lado mayor de la parcela, en cada trayecto que realice de un extremo a otro, habrá labrado una franja de 4 m de ancho y 700 m de largo.

Por otro lado, para calcular cuántos trayectos de este tipo deberá realizar a fin de arar completamente el terreno, hay que dividir su anchura entre la de la franja que puede labrar al pasar con el tractor, resultando:

$$\frac{400}{4} = 100$$

Así pues, para labrar el terreno entero, el agricultor tendrá que realizar 100 trayectos de 700 m cada uno, por lo que en total recorrerá 70 000 m, ya que 100 · 700 = 70 000.

Finalmente, expresamos el resultado obtenido en kilómetros, como se pide en el enunciado:

$$70\ 000\ \text{m} = 70\ \text{km}$$

Solución: el agricultor recorrerá con el tractor una distancia total de 70 km.

➤ Un tren de mercancías está compuesto por _16_ vagones, cada uno de los cuales mide _12,722_ m de largo, _2,911_ m de ancho y _2,25_ m de alto. Determina la superficie del suelo de cada vagón y la capacidad total del tren. Expresa los resultados con _tres_ cifras decimales.

Para calcular la superficie del suelo de cada vagón, multiplicamos sus dos dimensiones, resultando:

$$S = 12{,}722 \cdot 2{,}911 = 37{,}033742\ \text{m}^2$$

Ahora, multiplicando el resultado anterior por la altura, obtenemos la capacidad de cada vagón:

$$V = S \cdot h = 37{,}033742 \cdot 2{,}25 = 83{,}3259195\ \text{m}^3$$

Finalmente, para hallar la capacidad total del tren, multiplicamos este resultado por el número de vagones:

$$83{,}3259195 \cdot 16 = 1333{,}214712\ \text{m}^3$$

Antes de responder a las cuestiones planteadas, redondeamos los valores obtenidos con tres cifras decimales:

$$37{,}033742\ \text{m}^2 \approx 37{,}034\ \text{m}^2$$

$$1333{,}214712\ \text{m}^3 \approx 1333{,}215\ \text{m}^3$$

Solución: el suelo de cada vagón tiene una superficie de 37,034 m². La capacidad total del tren es de 1333,215 m³.

6. Lee los siguientes enunciados y escribe, para cada uno de ellos, dos preguntas que puedan responderse con los datos aportados.

➤ Estas son las temperaturas mínimas registradas cierto día en seis capitales europeas.

Ciudad	Temperatura mínima
Ámsterdam	–4 °C
Londres	–3 °C
París	2 °C
Praga	5 °C
Roma	1 °C
Varsovia	–9 °C

Dos posibles preguntas son: *¿En qué ciudad se registró la temperatura mínima más baja? ¿Y la más alta?*

➤ De los 740 estudiantes de un instituto, las 7/10 partes están en la ESO, 124 estudian Bachillerato y el resto, Ciclos Formativos.

Dos posibles preguntas son: *¿Cuántos estudiantes hay en la ESO? ¿Y en Ciclos Formativos?*

➤ Luisa tiene en su monedero un total de 13 monedas, por valor de 9 €. Solo tiene dos tipos de monedas: de 1 € y de 20 céntimos.

Dos posibles preguntas son: *¿Cuántas monedas tiene de 1 €? ¿Y de 20 céntimos?*

➤ El administrativo de una empresa debe archivar las facturas en carpetas con capacidad para 150 folios. La semana pasada tuvo que contabilizar y archivar 423 facturas.

Dos posibles preguntas son: *¿Cuántas carpetas necesitó para archivar las facturas de la semana pasada? ¿Cuántas facturas más caben hasta completar estas carpetas?*

➤ Paula puso en venta su antiguo coche por 7500 €. Como no consiguió venderlo durante los primeros dos meses, decidió rebajarlo un 8 %.

Dos posibles preguntas son: *¿Cuánto rebajó Paula su coche? ¿Cuál es el precio del coche después de la rebaja?*

➤ Antonio tiene 75 € menos que Leticia y, entre los dos, disponen de 843 €.

Dos posibles preguntas son: *¿Cuánto dinero tiene Antonio? ¿Y Leticia?*

➤ Cristina le ha preguntado a cada uno de sus compañeros de clase cuál es su color favorito, y ha recogido sus respuestas (y la de ella misma) en esta tabla.

Color	Amarillo	Azul	Blanco	Marrón	Naranja	Negro	Rojo	Verde
Número de compañeros	3	6	1	1	4	2	7	5

Dos posibles preguntas son: *¿Cuántos estudiantes hay en la clase de Cristina? ¿Cuál es el color de moda?*

➤ Roberto gasta en carburante para su coche 150 € mensuales; Dionisio, 100 €; Margarita, 170 €; Amanda, 190 €; y Manuel, 80 €.

> Las preguntas para este enunciado deben estar relacionadas con la estadística.

Dos posibles preguntas son: *¿Cuál es el gasto medio mensual en carburante de estas cinco personas? ¿Cuál es la desviación típica?*

➤ Kevin es el portero titular de un equipo de fútbol de segunda división. Durante los entrenamientos, Kevin paró 210 de los 500 penaltis que le lanzaron, ninguno de los cuales iba dirigido fuera de la portería.

> Las preguntas para este enunciado deben estar relacionadas con el cálculo de probabilidades.

Dos posibles preguntas son: *¿Cuál es la probabilidad de que Kevin pare un penalti? ¿Y la probabilidad de que no lo pare?*

> Nayla extrae una bola, sin mirar, de una urna que contiene cuatro bolas azules y cinco rojas.

Dos posibles preguntas son: *¿Cuál es la probabilidad de que la bola extraída por Nayla sea azul? ¿Y la probabilidad de que sea roja?*

> Gabriel realiza un experimento aleatorio cuyo espacio muestral es $\Omega = \{1, 2, 3, 4, 5, 6, 7, 8, 9, 10, 11, 12\}$, teniendo cada resultado una probabilidad distinta de ocurrir. A Gabriel le interesan los sucesos *A = {obtener un resultado par}* y *B = {obtener un resultado impar}*.

Dos posibles preguntas son: *¿Cuáles son los sucesos elementales que componen el suceso A? ¿Y los que forman el suceso B?*

> Carlos lanza simultáneamente una moneda de 1 € y una de 50 céntimos.

Dos posibles preguntas son: *¿Cuál es la probabilidad de que salgan dos caras? ¿Y la probabilidad de que salgan dos cruces?*

> Una escalera de 6 m de longitud se apoya en una pared, quedando su base a 2 m de ella. Los 19 escalones que la forman están igualmente separados entre sí, y no hay ninguno justo en los extremos de la escalera.

Dos posibles preguntas son: *¿A qué altura se encuentra el punto de apoyo de la escalera en la pared? ¿Qué distancia hay entre dos escalones consecutivos?*

> Un arquitecto ha diseñado un edificio de 30 pisos de altura cuya planta es un heptágono regular de 20 m de lado y 20,77 m de apotema.

Dos posibles preguntas son: *¿Cuál es la superficie de una planta del edificio? ¿Y la superficie total?*

> El perímetro de un hexágono regular mide 90 cm.

Dos posibles preguntas son: *¿Cuánto mide el lado del hexágono? ¿Qué superficie ocupa el hexágono?*

➤ Un ring de boxeo mide 5,3 m de ancho y 6,1 m de largo. El cuadrilátero está rodeado por tres cuerdas.

Dos posibles preguntas son: *¿Cuánto mide la superficie del cuadrilátero? ¿Cuál es la longitud de cada una de las cuerdas que lo rodean?*

➤ El aparcamiento de un centro comercial tiene 2500 plazas, cada una de las cuales mide 4,6 m de largo y 2,5 m de ancho. Además, hay 9000 m² destinados a carriles para que los vehículos puedan circular en su interior.

Dos posibles preguntas son: *¿Cuál es la superficie destinada a plazas de aparcamiento? ¿Y la superficie total, incluyendo los carriles?*

➤ El diámetro de una pelota mide 26 cm.

Dos posibles preguntas son: *¿Cuánto mide el radio de la pelota? ¿Cuál es su volumen?*

➤ La parte superior de la torre de un castillo tiene forma cónica. La altura de este cono es de 8 m, y el radio de la base mide 3 m.

Dos posibles preguntas son: *¿Cuál es la superficie de la parte superior de la torre que tiene forma de cono? ¿Y el volumen?*

➤ Una comunidad de vecinos ha decidido pintar el interior de la piscina de los adultos, que tiene 20 m de largo, 8 m de ancho y 1,8 m de profundidad. El precio ofrecido por la empresa de mantenimiento de piscinas es de 7 €/m².

Dos posibles preguntas son: *¿Cuánto mide la superficie que hay que pintar? ¿Cuánto costará pintar la piscina?*

7. Escribe la expresión algebraica correspondiente a los siguientes enunciados, como se muestra en el ejemplo.

> **Ejemplo:**
>
> El precio de cierta cantidad de pantalones, si cada uno cuesta 27 €: $27x$

> ➢ El área de un rectángulo cuyo largo es 5 cm mayor que su ancho: $x\,(x+5)$

> ➢ La diferencia entre el cubo de un número y su triple: $x^3 - 3x$

> ➢ La media aritmética de un número y su cuadrado: $\dfrac{x + x^2}{2}$

> ➢ El precio de una mesa, añadiendo el 21 % de IVA: $x + \dfrac{21}{100}x$

> ➢ La edad que tendrá Laura dentro de 12 años: $x + 12$

> ➢ La edad que tenía Raúl hace nueve años: $x - 9$

> ➢ Los minutos que hay en cierta cantidad de horas: $60x$

> ➢ Las horas que hay en cierta cantidad de días: $24x$

> ➢ El producto de tres números naturales consecutivos: $n\,(n+1)(n+2)$

> ➢ El cociente entre un número natural y su antecesor: $\dfrac{n}{n-1}$

> ➢ El perímetro de un octógono regular: $8x$

> ➢ El número de palmos que hay en cierta cantidad de centímetros, teniendo en cuenta que un palmo son 20 cm: $\dfrac{x}{20}$

> ➢ El salario mensual de un comercial que tiene un sueldo fijo de 900 € y gana 15 € por cada producto que vende: $900 + 15x$

> ➢ La altura de un paracaidista que se lanza desde 3000 m y desciende 2 m cada segundo: $3000 - 2x$

> ➢ La cantidad de metros cúbicos de agua que hay en un depósito cilíndrico de 3 m de radio, dependiendo de la altura alcanzada por el agua: $\pi \cdot 3^2 \cdot h$

> ➢ El número aproximado de personas que hay en un concierto celebrado en un recinto cuadrado, teniendo en cuenta que hay una media de cuatro personas por metro cuadrado: $4x^2$

> ➢ La distancia a la que se encuentra de la meta un corredor de maratón (42 km) que va a una velocidad constante de 18 km/h: $42 - 18x$

> ➢ La mitad de la suma de un número y su quíntuple: $\dfrac{x + 5x}{2}$

> ➢ La hipotenusa de un triángulo rectángulo isósceles: $\sqrt{x^2 + x^2}$

> ➢ El número de sillas que hay en un salón de celebraciones, sabiendo que hay ocho sillas en cada mesa y otras 20 apiladas en el almacén: $8x + 20$

8. En una campaña electoral, un partido político propone que cada familia pague una cantidad de impuestos dependiendo de sus ingresos brutos anuales per cápita, según se muestra en la tabla.

Ingresos brutos anuales per cápita	Porcentaje de impuestos que la familia debe pagar
Menos de 4000 €	0 %
Entre 4000 € y 6000 €	2 %
Entre 6001 € y 8000 €	3 %
Entre 8001 € y 10 000 €	5 %
Entre 10 001 € y 11 000 €	8 %
Entre 11 001 € y 12 500 €	10 %
Entre 12 501 € y 15 000 €	12 %
Entre 15 001 € y 18 000 €	15 %
Entre 18 001 € y 22 000 €	17 %
Entre 22 001 € y 27 000 €	18 %
Entre 27 001 € y 35 000 €	20 %
Entre 35 001 € y 50 000 €	22 %
Entre 50 001 € y 100 000 €	25 %
Entre 100 001 € y 200 000 €	30 %
Más de 200 000 €	40 %

a) Los ingresos brutos anuales de la familia López son de 19 000 €, y los de la familia García, de 20 000 €. Aplicando esta propuesta, ¿tendrán que pagar las dos familias el mismo porcentaje de impuestos? Argumenta la respuesta.

No necesariamente, porque, aunque los ingresos brutos anuales están en la misma franja, puede ser que el número de miembros de cada familia sea distinto, por lo que también lo serían los ingresos brutos anuales per cápita.

b) Con esta propuesta, ¿sería posible que una familia con unos ingresos brutos anuales de 40 000 € no tuviera que pagar impuestos? Justifica la respuesta.

Sí sería posible: si la familia estuviera formada por más de 10 miembros, los ingresos brutos anuales per cápita serían inferiores a 4000 €, por lo que la familia no pagaría impuestos.

c) Si se aplicara esta propuesta, ¿qué porcentaje de impuestos tendría que pagar una familia formada por tres miembros con unos ingresos brutos anuales de 15 000 €? ¿Por qué?

Tendría que pagar un 2 % de impuestos, porque sus ingresos brutos anuales per cápita serían de 5000 € (es el resultado de dividir los ingresos brutos anuales entre el número de miembros de la familia), que es una cantidad comprendida entre 4000 € y 6000 €.

d) ¿Y una familia de cinco miembros, con unos ingresos brutos anuales de 30 000 €?

También tendría que pagar un 2 % de impuestos, porque los ingresos brutos anuales per cápita serían de 6000 €.

e) ¿Sería posible determinar la cantidad que el Gobierno recaudaría de impuestos siguiendo este método? Argumenta la respuesta.

No sería posible, porque no se conoce ninguno de los datos necesarios: ni la cantidad de familias que se encuentran en cada tramo ni la media de ingresos brutos anuales per cápita de cada tramo.

f) ¿Y calcular el porcentaje medio de impuestos que pagaría cada familia? Argumenta la respuesta.

Tampoco sería posible, porque no se sabe cuántas familias se encuentran en cada tramo.

g) Gema vive sola y gana 18 000 € brutos anuales. En su empresa, le han ofrecido la posibilidad de trabajar tres días festivos al año, ingresando así 300 € brutos más cada año. ¿Le interesa aceptar esta oferta? ¿Por qué?

No le interesa, porque, si cobrara 300 € brutos más cada año, su sueldo bruto anual sería de 18 300 € y entraría en el siguiente tramo, por lo que pagaría un 2 % más de impuestos (17 % en lugar de 15 %), lo que significa que pagaría más de impuestos de lo que cobraría de sobresueldo. Así pues, si aceptara la oferta, trabajaría más para cobrar menos (en neto).

PARA PLANIFICAR LA RESOLUCIÓN DEL PROBLEMA

9. Observa la resolución y señala los enunciados que podrían resolverse de este modo. Para los enunciados que no puedan resolverse así, explica la razón.

Si llamamos x a la cantidad que queremos calcular, se cumple la ecuación:

$$31 + x = 3 \cdot (5 + x)$$

Resolviéndola, resulta:

$$31 + x = 3 \cdot (5 + x) \rightarrow 31 + x = 15 + 3x \rightarrow x - 3x = 15 - 31 \rightarrow$$

$$-2x = -16 \rightarrow x = \frac{-16}{-2} \rightarrow x = 8$$

Solución: el número que da respuesta a la pregunta es 8.

☒ Miguel tiene 31 años, y su hija, cinco. ¿Cuántos años tienen que pasar para que Miguel tenga el triple de la edad de su hija?

☐ A las 17:00 h de un día de mayo, la temperatura en Sevilla era de 31 °C, mientras que en Oslo era de 5 °C. Una hora después, la temperatura en Sevilla había bajado la misma cantidad de grados que los que había subido en Oslo. En ese momento, la temperatura en Sevilla era justo el triple de la temperatura en Oslo. ¿En cuántos grados varió la temperatura en estas dos ciudades?

☐ En una localidad hay dos concesionarios de coches de la misma marca: el A y el B. El concesionario A ha permanecido cerrado por vacaciones durante una semana y dispone de 31 vehículos, mientras que el B solo tiene cinco, pues ha vendido muchos durante esa semana. Para aumentar su *stock*, se transportan varios coches del concesionario A al B, hasta que este tiene el triple de vehículos que el A. ¿Cuántos coches se han transportado del concesionario A al B?

☒ Patricia escribe con la letra muy grande, y Pablo, con la letra muy pequeña. Un día decidieron comprobar la diferencia, para lo cual los dos copiaron a mano el mismo texto, que ocupaba varios folios al escribirlo con ordenador. El resultado fue que Pablo necesitó cinco folios más que el ordenador, mientras que Patricia usó el triple de folios que Pablo, empleando 31 más que el ordenador. ¿Cuántos folios ocupaba el texto escrito con ordenador?

☒ En una tienda de electrónica, un videojuego cuesta 31 €, y un *pendrive*, 5 €. Alberto compró un videojuego y un ratón, y se gastó lo mismo que Manuela, quien compró tres *packs* formados por un *pendrive* y un ratón. ¿Cuál es el precio del ratón?

Justificación:

El segundo enunciado no puede resolverse de este modo, porque en él se indica que la temperatura en Sevilla había bajado, en lugar de haber subido, por lo que la ecuación correspondiente a este enunciado sería:

$$31 - x = 3 \cdot (x + 5)$$

El tercer enunciado tampoco puede resolverse así, porque en él se afirma que el concesionario B tiene el triple que el concesionario A, en lugar de ser este el que tiene el triple de B. Para este enunciado, la ecuación sería:

$$x + 5 = 3 \cdot (31 - x)$$

10. Relaciona cada una de estas resoluciones con el enunciado adecuado. Para ello, escribe el número correspondiente en cada recuadro en blanco. Ten en cuenta que puede haber resoluciones que no se correspondan con ningún enunciado, y viceversa.

$\boxed{1}$ Para resolver el problema, realizamos las siguientes operaciones combinadas:

$$23 + 5 - (4 - 16 - 7) + 8 = 36 - (4 - 23) =$$

$$= 36 - (-19) = 36 + 19 = 55$$

Por tanto, el número que responde a la pregunta es 55.

$\boxed{2}$ Para resolver el problema, realizamos estas operaciones:

$$23 + 4 + 7 - 8 = 34 - 8 = 26$$

Por tanto, el número que responde a la pregunta es 26.

$\boxed{3}$ Por una parte, calculamos la suma:

$$23 + 5 + 16 = 44$$

Por otra parte, efectuamos esta:

$$4 + 7 + 8 = 19$$

Finalmente, restamos los resultados obtenidos:

$$44 - 19 = 25$$

Por tanto, el número que responde a la pregunta es 25.

④ Para resolver el problema, realizamos estas operaciones combinadas:

$$23 + 5 - 4 + 16 - 7 + 8 = 52 - 11 = 41$$

Por tanto, el número que responde a la pregunta es 41.

⑤ Por una parte, realizamos la suma:

$$23 + 5 + 8 = 36$$

Por otra parte, efectuamos esta:

$$4 + 16 + 7 = 27$$

Finalmente, restamos los resultados obtenidos:

$$36 - 27 = 9$$

Por tanto, el número que responde a la pregunta es 9.

⑥ Para resolver el problema, efectuamos las siguientes operaciones combinadas:

$$23 + 5 + 4 + 7 - 8 = 39 - 8 = 31$$

Por tanto, el número que responde a la pregunta es 31.

⑦ Para resolver el problema, realizamos estas operaciones:

$$23 + 5 + 4 - 16 + 7 - 8 = 39 - 24 = 15$$

Por tanto, el número que responde a la pregunta es 15.

⑤ Marta tenía 23 € y se encontró un billete de 5 € en la calle. Luego, se gastó 4 € en una revista, 16 € en un bolso y 7 € en una pulsera. Por la noche, su madre le dio 8 €. ¿Cuánto dinero tenía Marta al final del día?

④ Un autobús sale de la estación de origen con 23 viajeros a bordo. En la primera parada suben cinco personas, en la segunda bajan cuatro, en la tercera suben 16, en la cuarta bajan siete y en la quinta suben ocho. La siguiente parada es la última y, en ella, bajan todos los pasajeros. ¿Cuántos viajeros quedan en el autobús al llegar a esta última parada?

x Aurora trabaja en la planta 23 de un edificio de oficinas, pero tiene que desplazarse para asistir a varias reuniones: para la primera, sube cinco plantas; para la segunda, sube otras cuatro; desde allí, baja 16 plantas para ir a la tercera reunión; luego, baja siete plantas para asistir a la cuarta; y, finalmente, sube ocho plantas para estar en la quinta y última reunión. ¿En qué planta se celebra esta última reunión?

2 A las 7:00 h, la temperatura era de 23 °C y, cinco horas más tarde, había subido 4 °C. A las 16:00 h, había 7 °C más que al mediodía y, a partir de entonces, la temperatura fue descendiendo, hasta que, a las 23:00 h, había bajado 8 °C. ¿Qué temperatura hacía en ese momento?

11. Relaciona cada gráfica con el enunciado adecuado. Para ello, escribe el número correspondiente en cada recuadro en blanco. Ten en cuenta que hay enunciados que no se corresponden con ninguna gráfica.

1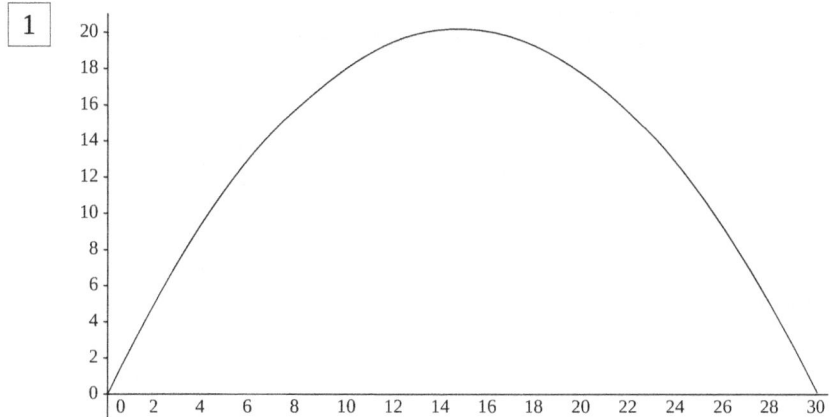

2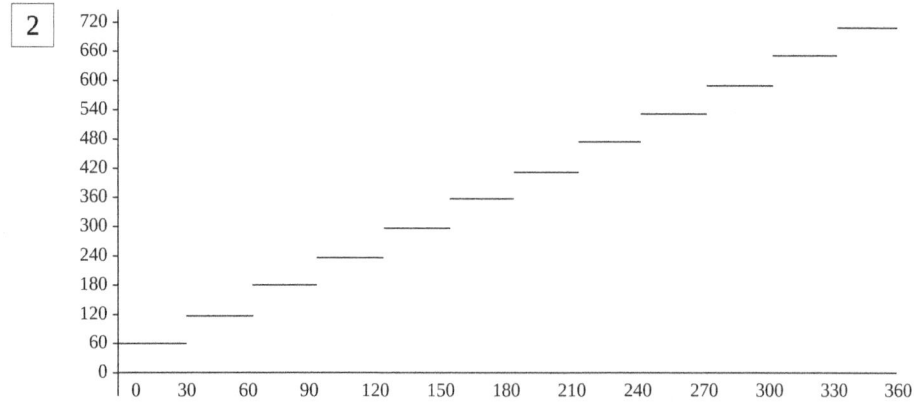

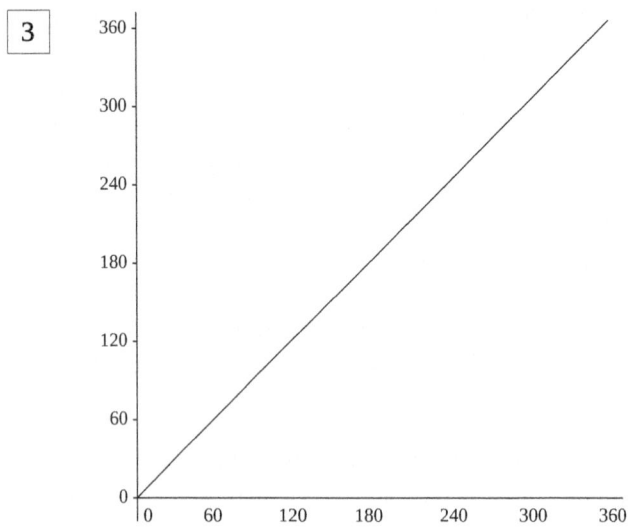

[X] Un satélite da 60 vueltas a la Tierra cada mes. Representa la gráfica de la función que expresa la velocidad del satélite dependiendo del tiempo, a lo largo de un año.

[3] Un motorista se desplaza a una velocidad de 60 km/h. Representa gráficamente la función que indica la distancia recorrida dependiendo del tiempo, a lo largo de 365 minutos.

[X] Los miembros de una comunidad de vecinos se reúnen cada 60 días. Representa la gráfica de la función que indica el número de reuniones celebradas dependiendo del tiempo, a lo largo de un año.

[X] Un ascensor sube hasta la planta número 20 y luego vuelve a la planta baja, moviéndose todo el tiempo a velocidad constante. Representa la gráfica de la función que indica la altura del ascensor dependiendo del tiempo, hasta que se encuentra de nuevo en la planta baja.

[1] Un futbolista despeja el balón, de modo que da el primer bote a 30 m y alcanza una altura máxima de 20 m. Representa la gráfica de la función que indica la altura del balón dependiendo de la distancia en horizontal, hasta que da el primer bote.

[2] Alexandra ingresa 60 € en una cuenta el día 1 de cada mes durante un año. Representa la gráfica de la función que indica el saldo de la cuenta dependiendo del tiempo, a lo largo de ese año.

12. Relaciona cada construcción geométrica con el enunciado adecuado. Para ello, escribe el número correspondiente en cada recuadro en blanco. Ten en cuenta que hay construcciones geométricas que no se corresponden con ningún enunciado, y viceversa.

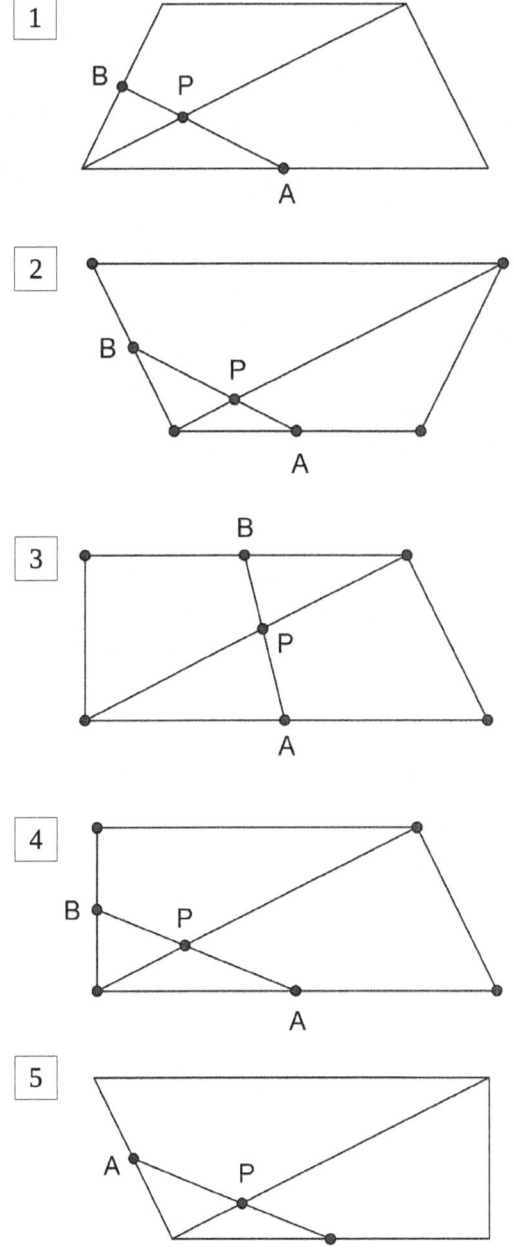

4 En un trapecio rectángulo, se denota por *A* el punto medio de la base mayor, y por *B*, el punto medio del lado perpendicular a las bases. Se considera el punto *P*, que es la intersección del segmento *AB* con una diagonal del trapecio.

x En un trapecio rectángulo, se denota por *A* el punto medio de la base mayor, y por *B*, el punto medio del lado oblicuo. Se considera el punto *P*, que es la intersección del segmento *AB* con una diagonal del trapecio.

1 En un trapecio isósceles, se denota por *A* el punto medio de la base mayor, y por *B*, el punto medio de uno de los lados oblicuos. Se considera el punto *P*, que es la intersección del segmento *AB* con una diagonal del trapecio.

x En un trapecio isósceles, se denota por *A* el punto medio de la base mayor, y por *B*, el punto medio de la base menor. Se considera el punto *P*, que es la intersección del segmento *AB* con una diagonal del trapecio.

x En un trapecio isósceles, se denota por *A* el punto medio de uno de los lados oblicuos, y por *B*, el punto medio de una de las bases. Se considera el punto *P*, que es la intersección del segmento *AB* con una diagonal del trapecio.

2 En un trapecio isósceles, se denota por *A* el punto medio de la base menor, y por *B*, el punto medio de uno de los lados oblicuos. Se considera el punto *P*, que es la intersección del segmento *AB* con una diagonal del trapecio.

x En un trapecio rectángulo, se denota por *A* el punto medio del lado oblicuo, y por *B*, el punto medio del lado perpendicular a las bases. Se considera el punto *P*, que es la intersección del segmento *AB* con una diagonal del trapecio.

13. Completa los huecos que hay en la resolución de los siguientes problemas.

➤ Una productora cinematográfica realizó un *casting*, al que se presentaron 276 personas. En la primera fase, eliminaron a las 7/12 partes de los candidatos y, en la segunda, a las 4/5 partes de quienes superaron la primera fase. ¿Cuántas personas eliminaron en cada fase? ¿Cuántas superaron las dos?

En primer lugar, calculamos el número de candidatos que eliminaron en la primera fase:

$$\frac{7}{12} \ de \ 276 = \frac{7 \cdot 276}{12} = 161$$

Así pues, para hallar el número de personas que superaron esta primera fase, tenemos que _restar_, resultando:

_276 – 161 = 115_

Ahora, calculamos la cantidad de aspirantes que eliminaron en la segunda prueba:

$$\frac{4}{5} \ de \ 115 = \frac{4 \cdot 115}{5} = 92$$

Por último, determinamos el número de personas que superaron esta segunda prueba, para lo cual hay que _restar_:

_115 – 92 = 23_

Solución: en la primera fase eliminaron a _161_ personas, y, en la segunda, a _92_. Hubo _23_ personas que superaron las dos fases.

➤ Una furgoneta puede transportar un máximo de 1750 kg. En un determinado momento, en su interior hay 42 cajas de 15 kg cada una, ocho bidones de 25 kg, 14 barras metálicas de 27 kg, cinco sacos de 50 kg, una bobina de 90 kg y cuatro chapas de 36 kg. El conductor quiere colocar también varios botes de 6 kg. ¿Cuántos de estos botes podrá colocar, como máximo?

En primer lugar, calculamos el peso total de la mercancía de la que hay más de una unidad:

— El peso total de las _cajas_ es: $42 \cdot 15 = 630$ kg

— El de los bidones: _8 · 25 = 200_ kg

— El de las barras metálicas: _14 · 27 = 378_ kg

— El de los _sacos_: $5 \cdot 50 = 250$ kg

— Y el de las chapas: _4 · 36 = 144_ kg

Así pues, contando también los _90_ kg de la _bobina_, el peso total de la carga de la furgoneta es:

_630 + 200 + 378 + 250 + 144 + 90_ = _1692_ kg

Por tanto, aún se pueden colocar _58_ kg, que es la diferencia entre el peso máximo y el total de la carga.

Para saber el número de botes que podrá colocar el conductor, _dividimos_ el resultado anterior por _6_, que es lo que pesa cada bote:

$$\frac{58}{6} = 9,\hat{6}$$

Ahora bien, como el número de botes no puede tener decimales (porque debe ser un número _natural_), nos quedamos con la parte entera, es decir, con el número que está delante de la coma, resultando ser _9_.

Solución: el conductor de la furgoneta podrá colocar _nueve_ botes, como máximo.

➢ Un agricultor necesita siete sacos, de 20 kg cada uno, de un producto fitosanitario cuyo precio es de 1,15 €/kg, para tratar un cultivo con una extensión de 4 ha. ¿Cuánto dinero tendrá que invertir en este producto otro agricultor que posee un cultivo de 9 ha?

En primer lugar, calculamos la cantidad de kilogramos que gasta el primer agricultor. Para ello, tenemos que _multiplicar_ el número de sacos que necesita por el peso de cada uno:

_7 · 20_ = _140_ kg

Ahora, hallamos los kilogramos que necesitará el segundo agricultor, cuyo cultivo tiene una extensión de _9_ ha, para lo cual planteamos la siguiente regla de tres simple y _directa_:

$$\begin{cases} 4 \ ha \xrightarrow{\ necesita\ } 140 \ kg \\ 9 \ ha \xrightarrow{\ necesita\ } x \ kg \end{cases}$$

Resolviéndola, resulta:

$$x = \frac{9 \cdot 140}{4} = 315 \text{ kg}$$

Por último, tenemos que *multiplicar* la cantidad de kilogramos que precisa el segundo agricultor por el precio de cada kilogramo:

$315 \cdot 1,15 = 362,25$ €

Solución: el otro agricultor tendrá que invertir *362,25* € en este producto.

> ➢ Arantxa dedicó cinco horas diarias durante nueve días a leer una novela, a razón de 10 páginas cada hora. ¿Cuánto tiempo le llevará a Eva leer la misma novela, si tiene previsto dedicar tres horas al día y es capaz de leer 15 páginas cada hora?

Llamamos x al número de días que invertirá Eva en leer la novela. Entonces, a partir de los datos del enunciado, podemos plantear la siguiente regla de tres *compuesta*:

$$\begin{cases} \text{Arantxa}: 5 \text{ h diarias} \xrightarrow{\text{leyendo cada hora}} 10 \text{ páginas} \xrightarrow{\text{tarda}} 9 \text{ días} \\ \text{Eva}: 3 \text{ h diarias} \xrightarrow{\text{leyendo cada hora}} 15 \text{ páginas} \xrightarrow{\text{tarda}} x \text{ días} \end{cases}$$

Por una parte, observamos que las magnitudes «*número de días que tarda en leer la novela*» y «*número de páginas que lee cada hora*» son *inversamente* proporcionales; y, por otra, vemos que las magnitudes «*número de días que tarda en leer la novela*» y «*cantidad de horas que lee cada día*» son *inversamente* proporcionales. Por tanto, la regla de tres *compuesta* proporciona la siguiente igualdad:

$$\frac{x}{9} = \frac{10}{15} \cdot \frac{5}{3}$$

Despejando y operando, resulta:

$$x = \frac{9 \cdot 10 \cdot 5}{15 \cdot 3} = 10 \text{ días}$$

Solución: a Eva le llevará *10* días leer la misma novela.

➢ Gustavo tiene dos barajas españolas, con 40 cartas cada una. Si extrae al azar una carta de cada baraja, ¿cuál es la probabilidad de que al menos una de ellas sea un rey?

Consideramos los sucesos A = {*La carta extraída de la primera baraja es un rey*} y B = {*La carta extraída de la segunda baraja es un rey*}.

Con esta notación, el problema consiste en calcular la probabilidad del suceso A∪B, para lo cual utilizamos la fórmula:

$$P(A \cup B) = P(A) + P(B) - P(A \cap B)$$

Así pues, basta con calcular cada uno de estos términos, como haremos a continuación.

Dado que en la primera baraja hay <u>40</u> cartas, de las que <u>*cuatro*</u> son reyes, aplicando la regla de Laplace, resulta que la probabilidad de A es:

$$P(A) = \frac{4}{40} = 0,1$$

Razonando de la misma manera con la segunda baraja, tenemos que la probabilidad de B es:

$$P(B) = \frac{4}{40} = 0,1$$

Ahora, necesitamos hallar la probabilidad del suceso A∩B. Si bien puede parecer un cálculo complicado, solo hay que tener en cuenta que, al tratarse de dos sucesos independientes (el resultado al sacar una carta de una baraja no afecta de ninguna manera al resultado de la extracción en la otra baraja), se verifica la igualdad:

$$P(A \cap B) = P(A) \cdot P(B)$$

Por tanto:

$$P(A \cap B) = 0,1 \cdot 0,1 = 0,01$$

Sustituyendo los valores calculados en la fórmula que habíamos escrito al principio, resulta:

$$P(A \cup B) = 0,1 + 0,1 - 0,01 = 0,19$$

Solución: la probabilidad de que, al sacar una carta de cada baraja, haya al menos un rey es igual a <u>*0,19*</u>.

➤ Gustavo junta las dos barajas y extrae una carta al azar. ¿Cuál es la probabilidad de que sea un rey?

Si Gustavo junta las dos barajas, se forma un mazo con *80* cartas, de las que *ocho* son reyes. Por tanto, la probabilidad de que la carta extraída sea un rey es:

$$P \text{ (Sacar un rey de las dos barajas juntas)} = \frac{8}{80} = 0,1$$

Solución: la probabilidad de que, al juntar las dos barajas, la carta extraída sea un rey es igual a *0,1*.

➤ Imagina que la carta extraída por Gustavo no era un rey, que la deja aparte del mazo y que saca otra carta al azar. ¿Cuál es ahora la probabilidad de que sea un rey?

Si Gustavo deja una carta aparte, en el mazo formado por las dos barajas quedan *79* cartas, de las que *ocho* son reyes. Entonces, la probabilidad de que la carta extraída sea un rey es:

$$P \text{ (Sacar un rey)} = \frac{8}{79} = 0,10126582$$

Solución: la probabilidad de que la nueva carta extraída sea un rey es igual a *0,10126582*.

➤ Isaac quiere confeccionar un mantel para una mesa de 2,5 m de largo y 1,4 m de ancho. Ha decidido que el mantel debe colgar 30 cm por el lado más corto de la mesa y 25 cm por el lado más largo. ¿Cuánto le costará la tela para el mantel, teniendo en cuenta que su precio es de 9 €/m²?

En primer lugar, realizamos un dibujo incluyendo los datos del enunciado, para aclarar la situación.

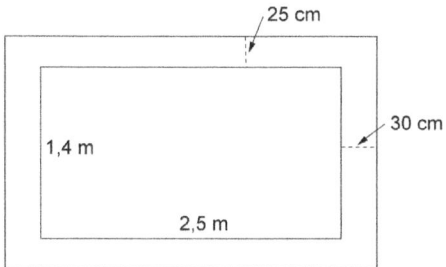

A continuación, expresamos en metros las medidas dadas en centímetros:

30 cm = *0,3* m

25 cm = *0,25* m

Ahora, calculamos las dimensiones de la tela:

— Largo: *2,5 + 0,3 + 0,3 = 3,1* m

— Ancho: *1,4 + 0,25 + 0,25 = 1,9* m

Por tanto, la superficie de tela necesaria es:

3,1 · 1,9 = 5,89 m²

Finalmente, calculamos su precio, para lo cual tenemos que *multiplicar* el resultado anterior por el precio de cada metro cuadrado de tela:

5,89 · 9 = 53,01 €

Solución: la tela para el mantel le costará *53,01* €.

➢ Un camión cisterna tiene un depósito cilíndrico de 4 m de longitud y 1,8 m de alto, totalmente lleno de un producto químico cuyo precio es de 2,45 €/L. ¿Cuál es el precio de la carga del camión cisterna?

En primer lugar, vamos a calcular el volumen del depósito cilíndrico, para lo cual tenemos que usar la fórmula:

$V = \pi \cdot r^2 \cdot h$

Como el depósito está tumbado, la longitud de 4 m se corresponde con la *altura* del cilindro, mientras que el alto de 1,8 m representa el diámetro de la base. Así pues, el radio de la base mide:

$r = \dfrac{1,8}{2} = 0,9$ m

Sustituyendo estos datos en la fórmula, tomando 3,14 como aproximación del número π y operando, resulta:

$V = \underline{3,14 \cdot (0,9)^2 \cdot 4} = \underline{10,1736}$ m³

Ahora, como 1 m³ se corresponde con _1000_ L, para determinar la cantidad de litros que caben en el depósito, tenemos que _multiplicar_ estos dos últimos números, resultando:

_10,1736 · 1000 = 10 173,6_ L

Finalmente, hallamos el precio de la carga, teniendo en cuenta el resultado anterior y el dato del enunciado:

_10 173,6 · 2,45 = 24 925,32_ €

Solución: el precio de la carga del camión cisterna es de _24 925,32_ €.

14. Observa el enunciado y la resolución de estos problemas y completa lo que falta en cada caso.

   ➢ Un triángulo rectángulo, cuyos catetos miden respectivamente _6_ cm y _8_ cm, es semejante a otro triángulo en el que la hipotenusa mide _25_ cm. ¿Cuál es la longitud de los catetos de este último triángulo?

   Antes de efectuar los cálculos, realizamos un dibujo incluyendo los datos del enunciado, para aclarar la situación.

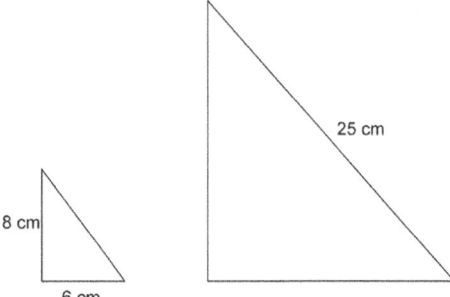

   Para hallar la hipotenusa del triángulo más _pequeño_, que representamos con la letra a, aplicamos el teorema de _Pitágoras_, resultando:

   $$a^2 = 6^2 + 8^2 \rightarrow a^2 = 36 + 64 \rightarrow a^2 = 100 \rightarrow a = \pm\sqrt{100} \rightarrow a = \pm 10$$

   Descartamos la solución negativa, puesto que se trata de una longitud, y obtenemos que $a = \underline{10}$ cm.

Así pues, la razón entre la hipotenusa del triángulo mayor y la del menor es:

$$R = \frac{25}{10} = 2,5$$

Entonces, para calcular los catetos del triángulo rectángulo _mayor_, basta con _multiplicar_ por _2,5_ los catetos del triángulo rectángulo _menor_. De este modo, resulta:

— Medida de un cateto del triángulo rectángulo _mayor_:

$6 \cdot 2,5 = 15$ cm

— Medida del otro cateto del triángulo rectángulo _mayor_:

$8 \cdot 2,5 = 20$ cm

Solución: los catetos de este último triángulo miden, respectivamente, _15_ cm y _20_ cm.

➤ Con la cera de una vela cilíndrica de _30_ cm de altura y _2,5_ cm de radio de la base, se ha formado otra vela, con forma de pirámide regular de base cuadrangular, cuyo lado mide 7 cm. ¿Cuál es la altura aproximada de esta vela piramidal?

En primer lugar, calculamos la cantidad de cera que contenía la vela original, para lo cual usamos la fórmula del volumen de un cilindro:

$$V = \pi \cdot r^2 \cdot h$$

Sustituyendo los datos del enunciado, tomando 3,14 como aproximación del número π y operando, resulta:

$V = 3,14 \cdot (2,5)^2 \cdot 30 = \underline{588,75}$ cm^3

Ahora, como la vela piramidal se ha formado con la cera de la vela original, la cantidad de cera que la forma tiene que ser la misma, por lo que sus volúmenes deben ser _iguales_. Así pues, necesitamos la fórmula del volumen de una pirámide regular de base cuadrangular, que es:

$$V = \frac{l^2 \cdot h}{3}$$

Sustituyendo en esta fórmula el valor obtenido antes y el dato del enunciado, resulta la ecuación:

$$588,75 = \frac{7^2 \cdot h}{3}$$

Finalmente, despejamos h, operamos y redondeamos el resultado a dos cifras decimales:

$$\frac{7^2 \cdot h}{3} = 588,75 \rightarrow h = \frac{3 \cdot 588,75}{49} \rightarrow h \simeq 36,05$$

Solución: la altura aproximada de la vela piramidal es de _36,05_ cm.

15. Lee los siguientes enunciados y numera los pasos necesarios para que la resolución de cada uno de ellos quede correctamente ordenada. Ten en cuenta que, en cada caso, hay pasos que no forman parte de la resolución.

➤ Un frutero invirtió un total de 160,16 € en naranjas y manzanas, con un precio de 0,67 €/kg y 0,97 €/kg, respectivamente. Compró 40 kg menos de naranjas que de manzanas. ¿Cuántos kilogramos compró de cada fruta?

☐ Como el gasto total fue de 160,16 €, obtenemos la ecuación: $0,97x + 0,67 \cdot (x + 40) = 160,16$

6️⃣ En consecuencia: $x - 40 = 114 - 40 = 74$

☐ De este modo, invirtió $0,97x$ € en manzanas y $0,67 \cdot (40x)$ € en naranjas.

☐ Compró 230,8 kg de naranjas y 5,77 kg de manzanas.

2️⃣ Entonces, el número de kilos de naranjas es: $x - 40$

☐ De este modo, invirtió $0,97x$ € en manzanas y $0,67 \cdot (x + 40)$ € en naranjas.

☐ Resolviéndola, resulta:

$$0,97x + 0,67 \cdot (40x) = 160,16$$

$$0,97x + 26,80x = 160,16$$

$$27,77x = 160,16$$

$$x = \frac{160,16}{27,77} \rightarrow x = 5,77$$

☐ Entonces, el número de kilos de naranjas es: $40x$

☐ En consecuencia: $x + 40 = 81,32 + 40 = 121,32$

☑ Compró 74 kg de naranjas y 114 kg de manzanas.

☐ De este modo, invirtió $0,67x$ € en naranjas y $0,97 \cdot (x - 40)$ € en manzanas.

☐ Resolviéndola, resulta:

$$0,97x + 0,67 \cdot (x + 40) = 160,16$$

$$0,97x + 0,67x + 26,80 = 160,16$$

$$1,64x = 133,36$$

$$x = \frac{133,36}{1,64} \rightarrow x = 81,32$$

[1] Llamamos x al número de kilos de manzanas que compró el frutero.

[4] Como el gasto total fue de 160,16 €, obtenemos la ecuación: $0,97x + 0,67 \cdot (x - 40) = 160,16$

☐ Entonces, el número de kilos de naranjas es: $x + 40$

☐ Como el gasto total fue de 160,16 €, obtenemos la ecuación: $0,97x + 0,67 \cdot (40x) = 160,16$

☐ Compró 121,32 kg de naranjas y 81,32 kg de manzanas.

⑤ Resolviéndola, resulta:

$$0,97x + 0,67 \cdot (x - 40) = 160,16$$

$$0,97x + 0,67x - 26,80 = 160,16$$

$$1,64x = 186,96$$

$$x = \frac{186,96}{1,64} \rightarrow x = 114$$

③ De este modo, invirtió $0,97x$ € en manzanas y $0,67 \cdot (x - 40)$ € en naranjas.

☐ En consecuencia: $40x = 40 \cdot 5,77 = 230,8$

➢ En un instituto bilingüe hay cinco grupos de 2.º de ESO, con un total de 153 estudiantes: dos grupos que reciben las clases de Matemáticas en inglés y tres que lo hacen en castellano. Los grupos de la misma modalidad lingüística tienen la misma cantidad de estudiantes, pero los de inglés tienen cuatro estudiantes más que los de castellano. ¿Cuántos estudiantes forman cada grupo?

⑧ Sin embargo, antes de responder a la pregunta, comprobamos que, efectivamente, estos resultados son la solución del sistema.

③ Entonces, como el total de estudiantes matriculados en 2.º de ESO es 153, podemos plantear la ecuación: $2x + 3y = 153$

☐ Los grupos que reciben las clases en inglés están formados por 29 estudiantes, y los de castellano, por 33.

5 Así pues, tenemos el sistema:

$$\begin{cases} 2x + 3y = 153 \\ x = y + 4 \end{cases}$$

7 En principio, los valores obtenidos son razonables, al tratarse de números naturales.

☐ Por otro lado, por las condiciones del enunciado, tenemos la ecuación: $y = x + 4$

1 Llamamos x al número de estudiantes que hay en cada grupo que recibe las clases en inglés, e y, a la cantidad de estudiantes que forman cada grupo que lo hace en castellano.

☐ Así pues, tenemos el sistema:

$$\begin{cases} 2x + 3y = 153 \\ y = x + 4 \end{cases}$$

9 Para ello, sustituimos y operamos:

$$\begin{cases} 2 \cdot 33 + 3 \cdot 29 = 153 \\ 33 = 29 + 4 \end{cases} \rightarrow \begin{cases} 66 + 87 = 153 \\ 33 = 33 \end{cases} \rightarrow \begin{cases} 153 = 153 \\ 33 = 33 \end{cases}$$

Por tanto, la solución es correcta.

2 Como hay dos grupos que reciben las clases de Matemáticas en inglés y tres que lo hacen en castellano, la expresión $2x$ indica el número total de estudiantes que tienen las clases en inglés, mientras que $3y$ se corresponde con el de quienes las reciben en castellano.

4 Por otro lado, al haber cuatro estudiantes más en los grupos en inglés que en los que tienen las clases en castellano, obtenemos la ecuación: $x = y + 4$

10 Los grupos que reciben las clases en inglés están formados por 33 estudiantes, y quienes lo hacen en castellano, por 29.

☐ Así pues, planteamos y resolvemos el sistema:

$$\begin{cases} 153x - 174y = 3 \\ y = x - 4 \end{cases} \rightarrow 153x - 174(x - 4) = 3 \rightarrow$$

$$153x - 174x + 696 = 3 \rightarrow 21x = 693 \rightarrow x = \frac{693}{21} = 33$$

$$y = 33 - 4 \rightarrow y = 29$$

6 Resolviéndolo por el método de sustitución, resulta:

$$\begin{cases} 2x + 3y = 153 \\ x = y + 4 \end{cases} \rightarrow 2(y + 4) + 3y = 153 \rightarrow$$

$$2y + 8 + 3y = 153 \rightarrow 5y = 145 \rightarrow y = \frac{145}{5} \rightarrow y = 29$$

$$x = 29 + 4 \rightarrow x = 33$$

➤ Un equipo de seis profesionales prepara 140 piezas al día, cada una de las cuales precisa de 12 soldaduras. ¿Cuántos trabajadores hay que incorporar al equipo para preparar en un día 220 piezas con 14 soldaduras cada una?

3 Como las magnitudes *«número de profesionales»* y *«número de piezas preparadas»* son directamente proporcionales, y también lo son las magnitudes *«número de profesionales»* y *«número de soldaduras realizadas»*, la regla de tres compuesta se traduce en la siguiente igualdad:

$$\frac{x}{6} = \frac{220}{140} \cdot \frac{14}{12}$$

☐ Despejando y operando, resulta:

$$x = \frac{6 \cdot 220 \cdot 140}{14 \cdot 12} \rightarrow x = 1100$$

☐ Finalmente, sumamos: 11 + 6 = 17

6 Hay que incorporar cinco trabajadores al equipo.

☐ A partir de los datos del enunciado, podemos plantear la siguiente regla de tres compuesta:

$$\begin{cases} 6 \text{ profesionales} \xrightarrow{\textit{preparan}} 140 \text{ piezas} \xrightarrow{\textit{que necesitan}} 12 \text{ soldaduras} \\ x \text{ profesionales} \xrightarrow{\textit{preparan}} 14 \text{ soldaduras} \xrightarrow{\textit{que necesitan}} 220 \text{ piezas} \end{cases}$$

5 Finalmente, restamos: $11 - 6 = 5$

☐ Hay que incorporar 17 trabajadores al equipo.

1 Llamamos x al número de profesionales necesarios.

4 Despejando y operando, resulta:

$$x = \frac{6 \cdot 220 \cdot 14}{140 \cdot 12} \rightarrow x = 11$$

☐ Como las magnitudes «*número de profesionales*» y «*número de piezas preparadas*» son directamente proporcionales, y las magnitudes «*número de profesionales*» y «*número de soldaduras realizadas*» son inversamente proporcionales, la regla de tres compuesta se traduce en la siguiente igualdad:

$$\frac{x}{6} = \frac{220}{14} \cdot \frac{140}{12}$$

2 A partir de los datos del enunciado, podemos plantear la siguiente regla de tres compuesta:

$$\begin{cases} 6 \text{ profesionales} \xrightarrow{\textit{preparan}} 140 \text{ piezas} \xrightarrow{\textit{que necesitan}} 12 \text{ soldaduras} \\ x \text{ profesionales} \xrightarrow{\textit{preparan}} 220 \text{ piezas} \xrightarrow{\textit{que necesitan}} 14 \text{ soldaduras} \end{cases}$$

☐ Hay que incorporar 1100 trabajadores al equipo.

☐ Hay que incorporar 11 trabajadores al equipo.

☐ Como las magnitudes *«número de profesionales»* y *«número de piezas preparadas»* son directamente proporcionales, y también lo son las magnitudes *«número de profesionales»* y *«número de soldaduras realizadas»*, la regla de tres compuesta se traduce en la siguiente igualdad:

$$\frac{x}{6} = \frac{220}{140} \cdot \frac{12}{14}$$

➤ Unos obreros van a colocar un bordillo formado por adoquines de 80 cm de largo alrededor de una plaza con forma de triángulo rectángulo. Los lados perpendiculares de la plaza miden 12 m y 20 m, respectivamente. ¿Cuántos adoquines serán necesarios para construir el bordillo?

☐ Por tanto, el bordillo de la plaza debe tener una longitud total de 48 m, ya que 12 + 20 + 16 = 48.

2️⃣ A continuación, llamamos x al lado desconocido de la plaza, y aplicamos el teorema de Pitágoras para determinar su valor.

☐ Así, tenemos:

$$20^2 = 12^2 + x^2 \rightarrow x^2 = 20^2 - 12^2 \rightarrow x^2 = 400 - 144 \rightarrow$$
$$x^2 = 256 \rightarrow x = \pm\sqrt{256} \rightarrow x = \pm 16$$

☐ Para construir el bordillo, serán necesarios 60 adoquines.

4️⃣ Descartando el resultado negativo, pues se trata de una distancia, resulta que el lado desconocido mide 23,32 m.

☐ En primer lugar, realizamos un dibujo para aclarar la situación.

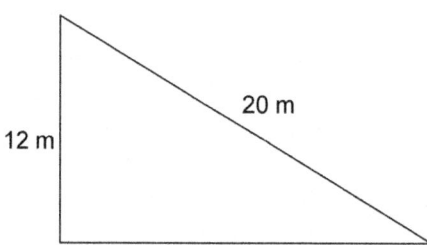

☑7 Para construir el bordillo, serán necesarios 69 adoquines, aproximadamente.

☐ Finalmente, para conocer la cantidad de adoquines necesarios, dividimos la longitud total del bordillo entre el largo de los adoquines, expresado en metros:

$$\frac{48}{0,8} = 60$$

☑6 Finalmente, para conocer la cantidad de adoquines necesarios, dividimos la longitud total del bordillo entre el largo de los adoquines, expresado en metros:

$$\frac{55,32}{0,8} = 69,15$$

☑1 En primer lugar, realizamos un dibujo para aclarar la situación.

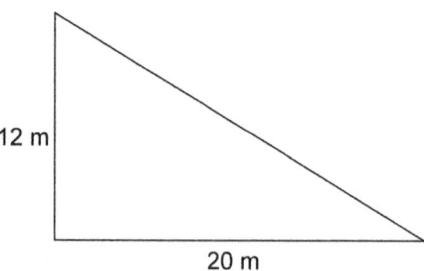

☐ Descartando el resultado negativo, pues se trata de una distancia, resulta que el lado desconocido mide 16 m.

⑤ Por tanto, el bordillo de la plaza debe tener una longitud total de 55,32 m, ya que: 12 + 20 + 23,32 = 55,32

③ Así, tenemos:

$$x^2 = 12^2 + 20^2 \rightarrow x^2 = 144 + 400 \rightarrow$$

$$x^2 = 544 \rightarrow x = \pm\sqrt{544} \rightarrow x \simeq \pm 23,32$$

16. Observa la resolución de estos problemas y selecciona las alternativas correctas en cada caso. Rellena también los huecos que hay en las respuestas.

➤ En una provincia hay 168 playas, de las que 3/7 partes tienen bandera azul. Del resto, la octava parte no es apta para el baño por estar contaminadas, la cuarta parte tiene demasiadas rocas, y las demás son playas adecuadas para el baño. ¿De cuántas playas en total pueden disfrutar los bañistas en esta provincia? ¿Cuántas de ellas tienen bandera azul?

En primer lugar, calculamos el número de playas con bandera azul:

☒ $\dfrac{3}{7}$ de $168 = \dfrac{3 \cdot 168}{7} = 3 \cdot 24 = 72$

☐ $1 - \dfrac{3}{7} = \dfrac{7}{7} - \dfrac{3}{7} = \dfrac{4}{7}$

$\dfrac{4}{7}$ de $168 = \dfrac{4 \cdot 168}{7} = 4 \cdot 24 = 96$

Por tanto, el número de playas sin bandera azul es:

☐ $168 - 96 = 72$

☒ $168 - 72 = 96$

A continuación, hallamos la cantidad de playas en las que, por una u otra razón, no conviene bañarse:

☐ $1 - \dfrac{1}{8} - \dfrac{1}{4} = \dfrac{8}{8} - \dfrac{1}{8} - \dfrac{2}{8} = \dfrac{5}{8}$

$\dfrac{5}{8}$ de $168 = \dfrac{5 \cdot 168}{8} = 5 \cdot 21 = 105$

☐ $1 - \dfrac{1}{8} - \dfrac{1}{4} = \dfrac{8}{8} - \dfrac{1}{8} - \dfrac{2}{8} = \dfrac{5}{8}$

$\dfrac{5}{8}$ de $72 = \dfrac{5 \cdot 72}{8} = 5 \cdot 9 = 45$

☐ $1 - \dfrac{1}{8} - \dfrac{1}{4} = \dfrac{8}{8} - \dfrac{1}{8} - \dfrac{2}{8} = \dfrac{5}{8}$

$\dfrac{5}{8}$ de $96 = \dfrac{5 \cdot 96}{8} = 5 \cdot 12 = 60$

☐ $\dfrac{1}{8} + \dfrac{1}{4} = \dfrac{1}{8} + \dfrac{2}{8} = \dfrac{3}{8}$

$\dfrac{3}{8}$ de $168 = \dfrac{3 \cdot 168}{8} = 3 \cdot 21 = 63$

☒ $\dfrac{1}{8} + \dfrac{1}{4} = \dfrac{1}{8} + \dfrac{2}{8} = \dfrac{3}{8}$

$\dfrac{3}{8}$ de $96 = \dfrac{3 \cdot 96}{8} = 3 \cdot 12 = 36$

☐ $\dfrac{1}{8} + \dfrac{1}{4} = \dfrac{1}{8} + \dfrac{2}{8} = \dfrac{3}{8}$

$\dfrac{3}{8}$ de $72 = \dfrac{3 \cdot 72}{8} = 3 \cdot 9 = 27$

Así pues, el número de playas adecuadas para el baño, tengan o no bandera azul, es:

☐ $168 - 105 = 63$

☐ $168 - 45 = 123$

- [ ] $168 - 60 = 108$
- [ ] $168 - 63 = 105$
- [x] $168 - 36 = 132$
- [ ] $168 - 27 = 141$
- [ ] $96 - 36 = 60$
- [ ] $96 - 63 = 33$
- [ ] $96 - 45 = 51$
- [ ] $96 - 60 = 36$
- [ ] $96 - 27 = 69$
- [ ] $72 - 45 = 27$
- [ ] $72 - 36 = 36$
- [ ] $72 - 27 = 45$
- [ ] $72 - 63 = 9$
- [ ] $72 - 60 = 12$

Solución: en total, los bañistas pueden disfrutar de _132_ playas en esta provincia, de las que _72_ tienen bandera azul.

> Jaime gana 375 € mensuales menos que Marcos, y el salario de Raúl es superior al de Marcos en 195 € al mes. Por su parte, Verónica cobra 1800 € mensuales, que es igual a la media aritmética de los sueldos de Jaime, Marcos y Raúl. ¿Cuáles son los ingresos mensuales de cada uno?

Llamamos x al salario de Marcos. Entonces, los ingresos mensuales de Jaime se corresponden con:

- [x] $x - 375$
- [ ] $x + 375$

Y los de Raúl, con:

- [x] $x + 195$
- [ ] $x - 195$

Ahora, como la media aritmética de sus sueldos coincide con el de Verónica, que es de 1800 €, podemos plantear la ecuación:

☐ $\dfrac{(x-375)+x+(x-195)}{3}=1800$

☐ $\dfrac{(x-375)+x}{2}=1800$

☒ $\dfrac{(x-375)+x+(x+195)}{3}=1800$

☐ $\dfrac{(x+375)+(x+195)}{2}=1800$

☐ $\dfrac{(x+375)+x+(x+195)}{3}=1800$

☐ $\dfrac{(x+375)+x+(x-195)}{3}=1800$

Resolviéndola, obtenemos el sueldo mensual de Marcos:

☐ $3x-570=5400\rightarrow$

$3x=5970\rightarrow x=\dfrac{5970}{3}\rightarrow x=1990$

☐ $3x+180=5400\rightarrow$

$3x=5220\rightarrow x=\dfrac{5220}{3}\rightarrow x=1740$

☐ $3x+570=5400\rightarrow$

$3x=4830\rightarrow x=\dfrac{4830}{3}\rightarrow x=1610$

☒ $3x-180=5400\rightarrow$

$3x=5580\rightarrow x=\dfrac{5580}{3}\rightarrow x=1860$

☐ $2x - 375 = 3600 \rightarrow$

$$2x = 3975 \rightarrow x = \frac{3975}{2} \rightarrow x = 1987,50$$

☐ $2x + 570 = 3600 \rightarrow$

$$2x = 3030 \rightarrow x = \frac{3030}{2} \rightarrow x = 1515$$

Por tanto, los ingresos mensuales de Jaime son:

☐ 1515 + 375 = 1890 €

☐ 1610 + 375 = 1985 €

☐ 1740 + 375 = 2115 €

☐ 1990 − 375 = 1615 €

☐ 1987,50 − 375 = 1612,50 €

☒ 1860 − 375 = 1485 €

☐ 1610 − 375 = 1235 €

☐ 1740 − 375 = 1365 €

Y los de Raúl:

☐ 1990 + 195 = 2185 €

☐ 1987,50 + 195 = 2182,50 €

☒ 1860 + 195 = 2055 €

☐ 1860 − 195 = 1665 €

☐ 1610 − 195 = 1415 €

☐ 1515 + 195 = 1710 €

☐ 1740 + 195 = 1935 €

☐ 1740 − 195 = 1545 €

Solución: los ingresos mensuales de Jaime son de _1485_ €; los de Marcos, de _1860_ €, y los de Raúl, de _2055_ €.

17. Localiza el error que hay en la resolución de cada uno de los siguientes problemas. Explica la razón y describe el planteamiento correcto.

> Después de descender 45 °C, la temperatura de un horno era de 160 °C. Luego, bajó 30 °C y, más tarde, subió 110 °C. ¿A qué temperatura se encontraba el horno en ese momento?

Para resolver el problema, debemos restar las cantidades que indican bajadas de temperatura y sumar las correspondientes a subidas. Así pues, tenemos que efectuar estas operaciones:

$$160 - 45 - 30 + 110 = 195$$

Solución: en ese momento, el horno se encontraba a 195 °C.

¿Dónde está el fallo? *Como la temperatura de 160 °C se alcanzó después de descender 45 °C, no hay que restar esta cantidad a 160 °C. La resolución correcta consistiría en realizar el siguiente cálculo:*

$$160 - 30 + 110 = 240$$

> Cinco obreros se tomaron las 2/3 partes de un termo de café durante el descanso de la mañana. Después de comer, uno de ellos se tomó 1/4 del resto. ¿Cuánto café quedó en el termo, teniendo en cuenta que su capacidad es de 750 ml?

En primer lugar, calculamos la fracción correspondiente al café consumido en total:

$$\frac{2}{3} + \frac{1}{4} \cdot \frac{2}{3} = \frac{2}{3} + \frac{1 \cdot 2}{4 \cdot 3} = \frac{2}{3} + \frac{1}{2 \cdot 3} = \frac{2}{3} + \frac{1}{6} = \frac{4}{6} + \frac{1}{6} = \frac{5}{6}$$

Por tanto, la fracción que indica la parte del termo que sigue con café es:

$$1 - \frac{5}{6} = \frac{6}{6} - \frac{5}{6} = \frac{1}{6}$$

Por último, determinamos la cantidad de café que representa esta fracción:

$$\frac{1}{6} \text{ de } 750 = \frac{1 \cdot 750}{6} = 125 \text{ ml}$$

Solución: en el termo quedaron 125 ml de café.

¿Dónde está el fallo? *Como en el descanso de la mañana consumieron las 2/3 partes del café, quedó una tercera parte. Entonces, la fracción correspondiente al café que tomó el obrero después de comer es:*

$$\frac{1}{4} \cdot \frac{1}{3}$$

Así pues, la primera operación de la resolución debería ser:

$$\frac{2}{3} + \frac{1}{4} \cdot \frac{1}{3}$$

en lugar de:

$$\frac{2}{3} + \frac{1}{4} \cdot \frac{2}{3}$$

➤ Lourdes tiene cuatro años más que su hermano Basilio y, hace nueve años, le doblaba la edad. ¿Cuántos años tiene Lourdes?

Llamamos x a la edad actual de Lourdes. Con esta notación, obtenemos las expresiones de las siguientes edades:

— La edad de Lourdes hace nueve años: $x - 9$

— La edad actual de Basilio: $x - 4$

— La edad de Basilio hace nueve años: $(x - 4) - 9 = x - 13$

Entonces, por las condiciones del enunciado, tenemos la ecuación:

$$x - 13 = 2(x - 9)$$

Resolviéndola, resulta:

$$x - 13 = 2(x - 9) \rightarrow x - 13 = 2x - 18 \rightarrow 2x - x = 18 - 13 \rightarrow x = 5$$

Solución: Lourdes tiene cinco años.

¿Dónde está el fallo? *Como Lourdes es mayor que su hermano, debe ser ella quien le doblaba la edad hace nueve años, no al revés. Por tanto, la ecuación tiene que ser:*

$$2(x - 13) = x - 9$$

en lugar de:

$$x - 13 = 2(x - 9)$$

> ➢ Cuando se viaja en coche, el conductor debe parar para descansar cada cierto tiempo. Gaspar realiza en coche un recorrido que conoce y sabe que, para llegar a un área de descanso en ese tiempo, debe circular a una velocidad de 90 km/h. En cambio, para ir del área de descanso a su destino en ese mismo tiempo, debe viajar a 120 km/h. ¿Qué relación hay entre la longitud del primer tramo del recorrido y la del segundo?

Como no conocemos la distancia que recorre Gaspar en cada tramo, vamos a usar letras para representarlas. De este modo, llamamos A a la distancia que hay entre el punto de partida de su viaje y el área de descanso, y B, a la distancia que separa dicha área de descanso de su destino.

Tengamos en cuenta que la relación entre la longitud del primer tramo y la del segundo, que es lo que se pide calcular, es la proporción entre A y B, por lo que se trata de hallar el cociente A / B.

Podemos entonces plantear el problema mediante la siguiente regla de tres:

$$\begin{cases} \text{Yendo a 90 km/h} \xrightarrow{\text{Gaspar recorre}} A \text{ km en ese tiempo} \\ \text{Yendo a 120 km/h} \xrightarrow{\text{Gaspar recorre}} B \text{ km en ese tiempo} \end{cases}$$

Como una de las magnitudes que aparece en la regla de tres es la velocidad (km/h), se trata de una regla de tres inversa, porque «a más velocidad, se tarda menos tiempo en llegar» (es decir, más de una magnitud se corresponde con menos de la otra). Entonces, la regla de tres se traduce en la igualdad:

$$90 \cdot A = 120 \cdot B$$

Trasponiendo términos y simplificando, llegamos a la relación entre A y B que pretendemos determinar:

$$\frac{A}{B} = \frac{120}{90} \rightarrow \frac{A}{B} = \frac{4}{3}$$

Solución: la relación entre la longitud del primer tramo del recorrido y la del segundo es de 4 a 3.

¿Dónde está el fallo? *Aunque una de las magnitudes sea la velocidad, no se trata de una regla de tres inversa, sino directa, ya que, cuanto mayor sea la velocidad, más kilómetros recorrerá Gaspar en ese determinado tiempo, es decir, a más de una magnitud corresponde más de la otra.*

Así pues, la resolución correcta consiste en afirmar que la regla de tres es directa y, entonces, obtenemos la igualdad:

$$\frac{A}{B} = \frac{90}{120}$$

Simplificando, resulta:

$$\frac{A}{B} = \frac{3}{4}$$

Luego la relación entre la longitud del primer tramo del recorrido y la del segundo es de 3 a 4 (y no de 4 a 3).

PARA RESOLVER EL PROBLEMA PASO A PASO Y COMPROBAR LA SOLUCIÓN

18. Resuelve los siguientes problemas siguiendo los pasos indicados.

> ➢ Un patio rectangular tiene 4,8 m de ancho y 11,5 m de largo. Como por dos de sus lados limita con las paredes de un edificio, solo tiene valla en los otros dos lados, que forman una esquina.
>
> Para pintar el exterior de la valla del lado más corto, hacen falta 0,65 L de pintura por cada metro (lineal) de valla, mientras que el exterior de la valla del lado más largo solo necesita 0,3 L de pintura por cada metro (lineal) de valla. Además, hay que pintar tres macetones, cada uno de los cuales necesita 0,45 L de pintura, y la parte interior de la valla, para lo cual son necesarios 0,8 L de pintura por cada metro (lineal) de valla. ¿Cuántos litros de pintura hacen falta en total?
>
> 1. Haz un dibujo para representar el patio. Señala las paredes que están valladas y escribe la medida de cada una.

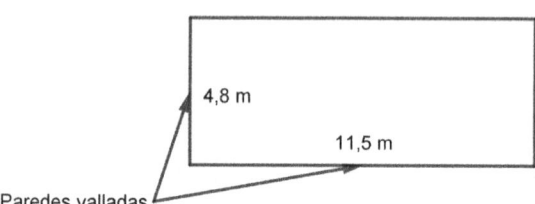

> 2. Halla la cantidad de pintura necesaria para pintar el exterior de la valla del lado más corto del patio.
>
>   *Como el lado más corto mide 4,8 m (lineales) y hacen falta 0,65 L por cada metro, multiplicamos:*
>
> $$4,8 \cdot 0,65 = 3,12 \ L$$
>
> 3. Haz lo mismo con el lado más largo.
>
>   *De manera análoga, multiplicamos la longitud de la valla del lado más largo por la cantidad de pintura que hace falta para cada metro (lineal):*
>
> $$11,5 \cdot 0,3 = 3,45 \ L$$

4. ¿Cuánta pintura hace falta para pintar los macetones?

Multiplicamos el número de macetones por la cantidad de pintura que necesita cada uno:

$$3 \cdot 0,45 = 1,35 \; L$$

5. ¿Y para pintar la parte interior de la valla? Explica la respuesta.

La longitud total de la parte interior de la valla es:

$$4,8 + 11,5 = 16,3 \; m$$

Ahora, multiplicamos la longitud total de la parte interior de la valla por la cantidad de pintura necesaria para cada metro (lineal):

$$16,3 \cdot 0,8 = 13,04 \; L$$

Por tanto, hacen falta 13,04 L.

6. Calcula la cantidad total de pintura que se precisa para realizar el trabajo completo.

Hay que sumar las cantidades anteriores:

$$3,12 + 3,45 + 1,35 + 13,04 = 20,96 \; L$$

7. Responde a la pregunta planteada.

En total, hacen falta 20,96 L de pintura.

8. Imagina que el resultado hubiera sido un número decimal. ¿Tendría sentido? ¿Por qué?

Sí que tendría sentido (de hecho, el resultado es un número decimal), ya que no tiene por qué ser una cantidad exacta de litros de pintura.

9. ¿Y si hubiera sido un número negativo?

En este caso no tendría sentido, pues una cantidad negativa de pintura no tiene ningún significado lógico.

> ➢ Un número impar es capicúa y tiene siete cifras, la suma de las cuales es igual a 25. Además, el producto de las tres últimas cifras es 42, y el de las dos últimas, 6. ¿De qué número se trata?

1. El número buscado es capicúa. ¿Qué quiere decir eso?

Quiere decir que es «simétrico»: la primera cifra es igual que la última, la segunda es igual que la penúltima y la tercera es igual que la antepenúltima. Dicho de otra manera: si se lee de izquierda a derecha, es el mismo número que si se lee de derecha a izquierda.

2. Entonces, ¿es necesario determinar todas las cifras del número? ¿O basta con hallar algunas de ellas? ¿Por qué?

No es necesario determinar todas las cifras del número, sino solo algunas de ellas, porque se repiten; por ejemplo, conociendo la primera, ya se conoce la última, y viceversa.

3. ¿Cuántas cifras hace falta conocer, como mínimo, para averiguar de qué número se trata?

Hace falta conocer, como mínimo, cuatro cifras: o las cuatro primeras o las cuatro últimas.

4. Según el enunciado, el producto de las dos últimas cifras es 6, y el de las tres últimas, 42. Entonces, ¿cuál es la cifra de las centenas? ¿Por qué?

La cifra de las centenas es 7, porque $6 \cdot 7 = 42$.

5. Como hemos dicho, el producto de las dos últimas cifras es igual a 6. ¿Cuáles pueden ser entonces las dos últimas cifras del número? Explica la respuesta.

Como $6 = 1 \cdot 2 \cdot 3$, las dos últimas cifras solo pueden ser 1 y 6, o 2 y 3, no necesariamente en este orden.

6. Teniendo en cuenta la respuesta a la cuestión anterior y que el número es impar, ¿cuáles son las posibles terminaciones del número, contando las dos últimas cifras? ¿Por qué?

Solo son posibles las terminaciones 61 y 23, porque las otras opciones, 16 y 32, dan como resultado un número par, al serlo la última cifra.

7. En consecuencia, ¿cuáles pueden ser las terminaciones del número, contando las tres últimas cifras?

   Pueden ser las terminaciones 761 y 723.

8. En cada uno de los casos posibles, mostrados en la respuesta a la cuestión anterior, ¿cuántas cifras del número se conocen ya? ¿Por qué?

   Se conocen seis cifras, porque las tres primeras son las mismas, pero invirtiendo el orden, al ser capicúa.

9. ¿Cuánto vale la suma de las cifras conocidas, en cada uno de los casos posibles?

   En un caso: 1 + 6 + 7 + 7 + 6 + 1 = 28

   Y en el otro: 3 + 2 + 7 + 7 + 2 + 3 = 24

10. Según el enunciado, la suma de las cifras del número es igual a 25. ¿Permite descartar alguna terminación del número esta información? ¿Cuál? Razona la respuesta.

    Sí, permite descartar la terminación 761, porque, en este caso, la suma de las cifras es mayor de 25.

11. ¿Qué falta conocer para determinar el número? Obtén este dato de manera razonada, a partir de la información recogida en las cuestiones 9 y 10.

    Falta conocer la cifra central. Como la suma de las otras seis cifras es igual a 24, y la de todas es 25, podemos determinar la cifra que falta, restando: 25 – 24 = 1

12. Responde a la pregunta planteada.

    Se trata del número 3 271 723.

➤ Yolanda y sus tres hermanos hicieron una colecta para comprar un regalo a su abuela. La aportación conjunta de sus tres hermanos fue de 96 €, mientras que ella puso la cuarta parte del precio del regalo y 30 € más. ¿Cuánto dinero puso Yolanda? ¿Cuánto costó el regalo?

   1. Elige una letra para representar la cantidad que aportó Yolanda.

      La cantidad que aportó Yolanda es x.

2. Teniendo en cuenta la aportación conjunta de sus tres hermanos y la letra elegida en la cuestión anterior, ¿cómo se puede expresar el precio del regalo en lenguaje algebraico?

Mediante la expresión: x + 96

3. En consecuencia, ¿qué expresión algebraica se corresponde con la «cuarta parte del precio del regalo y 30 € más»?

La expresión: $\dfrac{x + 96}{4} + 30$

4. Observa el enunciado y las respuestas a la cuestión anterior y a la cuestión 1. ¿Cómo deben ser ambas expresiones? ¿Por qué?

Deben ser iguales, porque las dos expresiones se corresponden con la cantidad aportada por Yolanda.

5. Entonces, ¿qué ecuación se puede plantear para resolver el problema?

La ecuación: $x = \dfrac{x + 96}{4} + 30$

6. ¿Qué tipo de ecuación es?

Es una ecuación de primer grado con denominador.

7. Resuelve la ecuación, indicando todos y cada uno de los pasos que se van dando.

En primer lugar, se multiplican los dos miembros por 4:

$$4x = 4 \cdot \left(\dfrac{x + 96}{4} + 30 \right)$$

A continuación, se efectúa la multiplicación y se eliminan los paréntesis y el denominador:

$$4x = 4 \cdot \dfrac{x + 96}{4} + 120 \rightarrow 4x = x + 96 + 120$$

Ahora, se traspone la x y se agrupan los términos semejantes:

$$4x - x = 96 + 120 \rightarrow 3x = 216$$

Por último, se traspone el 3 y se realiza la división:

$$x = \frac{216}{3} \rightarrow x = 72$$

8. ¿Con qué se corresponde la solución de la ecuación?

   Con la cantidad que aportó Yolanda.

9. Calcula el otro número que se necesita para resolver por completo el problema.

   Hace falta conocer el precio del regalo. Para calcularlo, sumamos la cantidad aportada por los hermanos y la cantidad que puso Yolanda: 72 + 96 = 168

10. Responde a las dos preguntas planteadas.

    Yolanda puso 72 €, y el regalo costó 168 €.

11. Imagina que se hubieran obtenido números decimales. ¿Sería un resultado razonable? ¿Por qué?

    Sí, sería un resultado razonable, porque podrían ser euros y céntimos de euro.

12. ¿Y si hubieran sido números negativos?

    En este caso, no sería razonable, porque ni la cantidad aportada por Yolanda ni el precio del regalo pueden ser negativos.

➢ Eloy ha comprado una parcela rectangular cuyo largo es 40 m mayor que el ancho. Como la valla de alrededor estaba muy vieja, Eloy ha invertido 1995 € en comprar una nueva, a razón de 5,25 € cada metro (lineal). Además, Eloy quiere renovar la tierra de la parcela, para lo cual necesita tres sacos por cada metro cuadrado de terreno. ¿Cuántos sacos de tierra necesita Eloy en total?

1. ¿Qué se pide calcular?

   La cantidad de sacos de tierra que Eloy necesita en total.

2. ¿Qué dato hace falta para poder hallar lo que se pide?

   Hace falta conocer la superficie de la parcela.

3. ¿Hay alguna fórmula que permita determinar este dato? ¿Cuál es?

Sí, la fórmula del área de un rectángulo: $A = b \cdot h$

4. Como no se dispone de los datos necesarios para aplicar directamente esta fórmula, primero habrá que calcularlos. Para ello, realiza un dibujo de la parcela, llama x a su ancho y escribe esta letra en el lugar correspondiente del dibujo.

5. ¿Cómo se puede expresar el largo de la parcela en función de x? Coloca esta expresión en el lugar adecuado del dibujo.

Mediante la expresión $x + 40$.

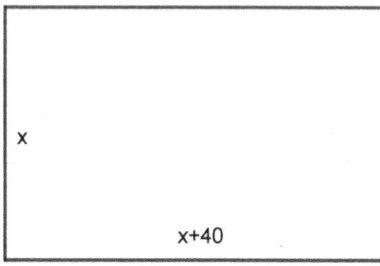

6. Expresa el perímetro de la parcela en función de x.

El perímetro se corresponde con la suma de los lados:

$$P = x + (x + 40) + x + (x + 40)$$

Agrupando los términos semejantes, resulta:

$$P = 4x + 80$$

7. Calcula la longitud de la valla nueva, teniendo en cuenta los datos del enunciado.

   Para calcular la longitud de la valla, dividimos el precio total entre el precio de cada metro (lineal):

   $$\frac{1995}{5,25} = 380\,m$$

8. Observa las respuestas a las dos últimas cuestiones. ¿Cómo deben ser ambas? ¿Por qué?

   Deben ser iguales, porque las dos expresiones se corresponden con la longitud total de la valla.

9. Entonces, ¿qué ecuación se puede plantear? ¿De qué tipo es?

   Se puede plantear la ecuación:

   $$4x + 80 = 380$$

   Se trata de una ecuación de primer grado.

10. Resuelve la ecuación.

    $$4x + 80 = 380 \rightarrow 4x = 300 \rightarrow x = \frac{300}{4} \rightarrow x = 75$$

11. De este modo, ya está calculado el ancho de la parcela. ¿Cuánto mide su largo?

    Mide 115 m, porque 75 + 40 = 115.

12. Ahora, ya se puede hallar lo que se pide. Calcúlalo.

    El área de la parcela es:

    $$A = 115 \cdot 75 = 8625\ m^2$$

    Para calcular el número total de sacos de tierra que hacen falta, multiplicamos el área de la parcela por la cantidad de sacos necesarios por cada metro cuadrado:

    $$3 \cdot 8625 = 25\ 875\ sacos$$

13. Responde a la pregunta del enunciado.

Eloy necesita un total de 25 875 sacos de tierra.

14. Imagina que se hubiera obtenido un número decimal. ¿Sería lógico? Razona la respuesta.

Sí que sería lógico, porque la cantidad de sacos de tierra no tiene por qué ser exacta: podría sobrar parte de la tierra de un saco. No obstante, como cada metro cuadrado necesita tres sacos de tierra (un número entero de sacos), la única manera de que el resultado fuera un número decimal sería que también lo fuera el área de la parcela.

> En un museo, hay una mesa donde se exponen arañas y mosquitos conservados en ámbar. En total, hay 55 «bichos» y 392 patas. ¿Cuántas arañas y cuántos mosquitos hay en la exposición?

1. Elige una letra para representar el número de arañas que hay en la exposición, y otra para la cantidad de mosquitos.

Llamamos x al número de arañas, e y, a la cantidad de mosquitos.

2. Teniendo en cuenta cuántos «bichos» hay en la exposición y las letras elegidas en la cuestión anterior, escribe una ecuación adecuada para describir la situación.

La ecuación adecuada es: $x + y = 55$

3. ¿Cuántas patas tienen las arañas?

Las arañas tienen ocho patas.

4. Entonces, ¿cómo se puede expresar la cantidad de patas de araña que hay en la exposición, teniendo en cuenta la letra elegida en la cuestión 1?

Mediante la expresión 8x.

5. ¿Y los mosquitos? ¿Cuántas patas tienen?

Los mosquitos tienen seis patas.

6. ¿Cuál es entonces la expresión algebraica con la cual indicar el número de patas de mosquito que hay en la exposición?

La expresión 6y.

7. Escribe la expresión algebraica correspondiente al número total de patas, incluyendo las de araña y las de mosquito.

   La expresión algebraica es: 8x + 6y

8. Teniendo en cuenta la respuesta a la cuestión anterior y el dato del enunciado, ¿qué ecuación se puede construir?

   La ecuación 8x + 6y = 392.

9. A partir de las respuestas a las cuestiones 2 y 8, se puede formar un sistema de ecuaciones. ¿Cuál es?

   El sistema: $\begin{cases} x + y = 55 \\ 8x + 6y = 392 \end{cases}$

10. Resuélvelo por el método de sustitución.

    $$\begin{cases} x + y = 55 \\ 8x + 6y = 392 \end{cases} \rightarrow \begin{cases} y = 55 - x \\ 8x + 6(55 - x) = 392 \end{cases} \rightarrow$$

    $$8x + 330 - 6x = 392 \rightarrow 2x = 62 \rightarrow x = 31$$

    $$y = 55 - 31 \rightarrow y = 24$$

11. Comprueba que los números obtenidos son, efectivamente, la solución del sistema.

    $$\begin{cases} 31 + 24 = 55 \\ 8 \cdot 31 + 6 \cdot 24 = 392 \end{cases} \rightarrow \begin{cases} 55 = 55 \\ 248 + 144 = 392 \end{cases} \rightarrow \begin{cases} 55 = 55 \\ 392 = 392 \end{cases}$$

12. Responde a la pregunta formulada en el enunciado.

    En la exposición hay 31 arañas y 24 mosquitos.

13. ¿Sería aceptable que se hubieran obtenido números decimales como solución del sistema? ¿Y números negativos? Explica las respuestas.

    No sería aceptable que hubieran resultado números decimales, porque se entiende que tanto las arañas como los mosquitos son unidades enteras, incluso aunque les faltara alguna parte de su cuerpo. Tampoco sería una solución válida la obtención de números negativos, pues una cantidad de arañas o de mosquitos no puede ser negativa.

> ➤ Berto y Marina son coleccionistas de monedas. Entre los dos, tienen 1719 monedas. Si Berto comprara 24 monedas y Marina le regalara 11, Berto tendría justo la mitad de monedas que tendría Marina. ¿Cuántas monedas tiene cada uno?

1. Elige una letra para representar el número de monedas que posee Berto, y otra para las que tiene Marina.

Berto tiene x monedas; Marina, y monedas.

2. Escribe una ecuación que incluya las dos letras elegidas, teniendo en cuenta que, entre Berto y Marina, tienen un total de 1719 monedas.

La ecuación es: x + y = 1719

3. ¿Qué tipo de ecuación es? ¿Se puede resolver directamente o hace falta otra condición que la complemente? Justifica la respuesta.

Es una ecuación de primer grado con dos incógnitas. Hace falta otra condición que la complemente, porque esta ecuación no tiene solución única. Es necesaria otra ecuación, para formar un sistema.

4. Si Berto comprara 24 monedas y Marina le regalara 11, ¿cuántas monedas tendría Berto? Expresa el resultado usando la letra elegida antes, de la manera más simplificada posible.

Tendría x + 24 + 11 monedas. Sumando los números, resulta: x + 35

5. ¿Y Marina? ¿Cuántas monedas tendría? Expresa el resultado en función de la letra elegida antes para representar el número de monedas de Marina.

Marina tendría y – 11 monedas.

6. En tal caso, según el enunciado, Berto tendría justo la mitad de monedas que tendría Marina. ¿Cómo se puede expresar esta relación mediante una ecuación?

De este modo: $x + 35 = \dfrac{y - 11}{2}$

7. Elimina el denominador de esta ecuación y, a continuación, deja las letras en el primer miembro y los números en el segundo. Finalmente, agrupa los números.

$$2 \cdot (x + 35) = 2 \cdot \frac{y - 11}{2} \rightarrow 2x + 70 = y - 11 \rightarrow$$

$$2x - y = -70 - 11 \rightarrow 2x - y = -81$$

8. Juntando esta última ecuación y la obtenida en la cuestión 2, es posible formar un sistema de dos ecuaciones con dos incógnitas. Escríbelo y resuélvelo por el método de reducción.

$$\begin{cases} x + y = 1719 \\ 2x - y = -81 \end{cases}$$

$$3x = 1638 \rightarrow x = \frac{1638}{3} \rightarrow x = 546$$

$$546 + y = 1719 \rightarrow y = 1719 - 546 \rightarrow y = 1173$$

9. Comprueba que el resultado obtenido cumple las condiciones descritas en el enunciado.

El número de monedas que tienen entre los dos es: 546 + 1173 = 1719

Así pues, se cumple la primera condición del enunciado.

Por otro lado, si Berto comprara 24 monedas y Marina le regalara 11, Berto tendría 581 monedas, porque 546 + 24 + 11 = 581.

Por su parte, Marina tendría 1162 monedas, ya que 1173 – 11 = 1162.

La mitad de este número es precisamente 581, que es la cantidad de monedas que tendría Berto, como se pide en el enunciado.

10. Responde a la pregunta formulada en el enunciado.

Berto tiene 546 monedas, y Marina, 1173.

➤ El problema anterior se ha resuelto empleando un sistema de dos ecuaciones con dos incógnitas. Sin embargo, sería posible resolverlo usando una sola ecuación y una única incógnita. Resuélvelo de este modo, indicando los pasos que se van dando.

Llamamos x al número de monedas que tiene Berto.

Con esta notación, la cantidad de monedas de Marina es: 1719 – x

Por otro lado, si Berto comprara 24 monedas y Marina le regalara 11, cada uno tendría las siguientes monedas:

— Berto: x + 24 + 11 = x + 35

— Marina: (1719 − x) − 11 = 1708 − x

Así pues, por las condiciones del enunciado, tenemos la ecuación:

$$x + 35 = \frac{1708 - x}{2}$$

Resolviéndola, resulta:

$$2 \cdot (x + 35) = 2 \cdot \frac{1708 - x}{2} \rightarrow 2x + 70 = 1708 - x \rightarrow$$

$$3x = 1638 \rightarrow x = \frac{1638}{3} \rightarrow x = 546$$

Este es el número de monedas que tiene Berto.

Por último, para hallar la cantidad de monedas que tiene Marina, sustituimos: 1719 − 546 = 1173

Podemos observar que, como era de esperar, se trata del mismo resultado obtenido antes: Berto tiene 546 monedas, y Marina, 1173.

➢ Aunque el problema de las monedas de Berto y Marina está «más que resuelto», es interesante que veamos otro modo diferente de abordarlo. Esta vez, sin ecuaciones ni sistemas. Sigue los pasos indicados.

1. Si Berto comprara 24 monedas, ¿cuántas monedas tendrían entre los dos? Razona la respuesta.

Como entre los dos tienen 1719 monedas, si Berto comprara 24, tendrían 1743, porque 1719 + 24 = 1743.

2. Si Berto tuviera una parte de la cantidad anterior (una vez que Marina le hubiera regalado las 11 monedas), ¿cuántas partes debería tener Marina? ¿Por qué?

Debería tener dos partes, porque así tendría el doble de lo que tendría Berto.

3. Entonces, ¿en cuántas partes hay que dividir la cantidad obtenida en la cuestión 1? ¿Cómo se deberían repartir esas partes entre Berto y Marina para saber cuántas monedas tendría cada uno?

Hay que dividirla en tres partes: una para Berto y dos para Marina.

4. Efectúa las operaciones correspondientes para calcular el número de monedas que tendría cada uno.

— Número de monedas que tendría Berto:

$$\frac{1}{3} \text{ de } 1743 = \frac{1 \cdot 1743}{3} = 581$$

— Número de monedas que tendría Marina:

La diferencia: 1743 − 581 = 1162

También se puede calcular multiplicando por 2 el número de monedas de Berto, pues Marina tendría el doble: 2 · 581 = 1162

Asimismo, se podría calcular de este otro modo:

$$\frac{2}{3} \text{ de } 1743 = \frac{2 \cdot 1743}{3} = 2 \cdot 581 = 1162$$

5. ¡Presta atención! Los resultados obtenidos en la cuestión anterior no se corresponden con el número de monedas que tienen Berto y Marina, sino con la cantidad que tendrían si Berto comprara 24 monedas y Marina le regalara 11. Entonces, ¿qué operaciones hay que realizar para conocer el número de monedas que tiene Berto? Efectúalas.

Hay que restar 24 y 11 del resultado obtenido: 581 − 24 − 11 = 546

6. ¿Y para calcular el número de monedas que tiene Marina? Realiza la operación correspondiente.

Hay que sumar 11 al resultado anterior: 1162 + 11 = 1173

7. Responde a la pregunta (de nuevo).

Berto tiene 546 monedas, y Marina, 1173.

> ➢ Como se ha podido comprobar, un mismo problema puede resolverse de diversas formas. En este caso, ¿cuál de los tres procedimientos te ha parecido más sencillo? ¿Y más complicado?

Respuesta libre y abierta.

> ➢ Un grupo de ocho montañistas necesita 38 kg de provisiones para realizar una expedición. ¿Cuántos montañistas podrían participar en la expedición si se contara con 57 kg de provisiones?

1. Denota el valor que se debe calcular con la letra *x* y plantea una regla de tres que permita determinarlo.

$$\begin{cases} 8 \text{ montañistas} \xrightarrow{\text{necesitan}} 38 \text{ kg} \\ x \text{ montañistas} \xrightarrow{\text{necesitan}} 57 \text{ kg} \end{cases}$$

2. ¿De qué tipo de regla de tres se trata? Justifica la respuesta.

   Se trata de una regla de tres simple y directa, porque solo intervienen dos magnitudes y estas son directamente proporcionales, pues, si hay más provisiones, podrán participar más montañistas.

3. Entonces, ¿qué igualdad se obtiene a partir de la regla de tres?

   Se obtiene la igualdad: $\dfrac{x}{8} = \dfrac{57}{38}$

4. Despeja la *x* y efectúa los cálculos correspondientes.

$$\frac{x}{8} = \frac{57}{38} \rightarrow x = \frac{8 \cdot 57}{38} \rightarrow x = 12$$

5. Contesta a la pregunta planteada en el enunciado.

   Podrían participar 12 montañistas.

6. ¿Podría ser el resultado un número decimal? ¿Por qué?

   No podría ser, porque se trata de una cantidad de personas.

➢ Para alicatar un cuarto de baño cuyas paredes tienen una superficie total de 18,5 m², hacen falta 370 azulejos. ¿Cuántos azulejos del mismo tamaño serán necesarios para alicatar una cocina de 3,8 m de largo, 2,6 m de ancho y 2,3 m de alto, si la puerta y la ventana ocupan una superficie conjunta de 3,44 m²?

1. ¿Qué forma tienen las paredes de la cocina, sin tener en cuenta ni la puerta ni la ventana?

Tienen forma de rectángulo.

2. ¿Cuáles son las dimensiones de las paredes más grandes?

Sus dimensiones se corresponden con el largo de la cocina y la altura a la que está el techo. Así pues, sus dimensiones son: 3,8 m × 2,3 m

3. Entonces, ¿cuál es la superficie de cada una de estas paredes?

Aplicamos la fórmula para calcular el área de un rectángulo:

$$A = b \cdot h = 3,8 \cdot 2,3 = 8,74 \ m^2$$

4. ¿Y la superficie de cada una de las paredes más pequeñas?

Aplicamos otra vez la fórmula del área de un rectángulo, pero con datos distintos:

$$A = b \cdot h = 2,6 \cdot 2,3 = 5,98 \ m^2$$

5. En consecuencia, ¿cuál es la superficie total de las paredes de la cocina, sin tener en cuenta ni la puerta ni la ventana?

Como hay dos paredes de cada tipo, la superficie total de las paredes de la cocina es:

$$A_T = 2 \cdot 8,74 + 2 \cdot 5,98 = 29,44 \ m^2$$

6. Calcula la superficie real de las paredes de la cocina, restándole la superficie conjunta de la puerta y la ventana a la cantidad anterior.

$$29,44 - 3,44 = 26 \ m^2$$

7. Representa la incógnita del problema con la letra x y plantea una regla de tres que permita hallarla, a partir de la respuesta a la cuestión anterior y de los datos del enunciado.

$$\begin{cases} 18,5 \ m^2 \xrightarrow{\ son\ necesarios\ } 370 \ azulejos \\[2ex] 26 \ m^2 \xrightarrow{\ son\ necesarios\ } x \ azulejos \end{cases}$$

8. Resuelve la regla de tres, teniendo en cuenta de qué tipo es.

Es una regla de tres simple y directa, porque, si hay más metros cuadrados, harán falta más azulejos. Entonces:

$$\frac{x}{370} = \frac{26}{18,5} \rightarrow x = \frac{370 \cdot 26}{18,5} \rightarrow x = 520$$

9. Responde a la pregunta planteada en el enunciado.

Serán necesarios 520 azulejos.

10. ¿Sería aceptable que se hubiera obtenido un número decimal? Justifica la respuesta.

Sí que sería aceptable, pues sería posible que hubiera que cortar algunos azulejos y que no hubiera una cantidad exacta de ellos.

➤ Un grupo de 30 amigos ha alquilado un local para celebrar una fiesta en Nochevieja, teniendo que pagar cada uno 21 €. Sin embargo, finalmente dos de ellos no podrán asistir, y otros siete amigos deciden sumarse al grupo. ¿Cuánto dinero tendrá que pagar cada uno, entonces?

1. Calcula cuántos amigos irán finalmente a la fiesta de Nochevieja.

Irán 35 amigos, porque 30 – 2 + 7 = 35.

2. Representa la incógnita del problema con la letra x y plantea una regla de tres que permita hallarla.

$$\begin{cases} 30 \ amigos \xrightarrow{\ cada\ uno\ paga\ } 21 \ € \\[2ex] 35 \ amigos \xrightarrow{\ cada\ uno\ paga\ } x \ € \end{cases}$$

3. ¿Qué tipo de regla de tres es? ¿Por qué?

Es una regla de tres simple e inversa, porque intervienen dos magnitudes que son inversamente proporcionales, ya que, si son más amigos, cada uno de ellos tendrá que pagar menos.

4. Entonces, ¿qué igualdad se obtiene a partir de la regla de tres?

Se obtiene la igualdad: 30 · 21 = 35x

5. Despeja la *x* en esta igualdad y realiza los cálculos correspondientes.

$$30 \cdot 21 = 35x \rightarrow x = \frac{30 \cdot 21}{35} \rightarrow x = 18$$

6. Responde a la pregunta planteada en el enunciado.

Cada uno tendrá que pagar 18 €.

7. Imagina que se hubiera obtenido un número decimal. ¿Sería razonable? ¿Y si fuera un número negativo? Argumenta las respuestas.

Sería razonable que el resultado fuera un número decimal, ya que no tiene por qué ser una cantidad exacta de euros. En cambio, un resultado negativo no tendría sentido, pues sería como si cada uno de los amigos cobrara por alquilar el local, en lugar de pagar.

➢ El problema anterior se ha resuelto haciendo uso de una regla de tres. Sin embargo, es posible llegar a la solución utilizando un procedimiento distinto, conocido como «reducción a la unidad». Sigue los pasos indicados para resolver el problema también por este método.

1. Determina el precio del alquiler del local, teniendo en cuenta los datos del enunciado. Justifica la respuesta.

Como iban a ser 30 amigos y cada uno debía pagar 21 €, el alquiler del local asciende a 630 €, pues 30 · 21 = 630.

2. Halla, como antes, el número de amigos que finalmente irán a la fiesta de Nochevieja.

$$30 - 2 + 7 = 35$$

3. Calcula, de manera razonada, la cantidad que tendrá que pagar cada uno, teniendo en cuenta las respuestas a las dos cuestiones anteriores.

Como irán 35 amigos a la fiesta de Nochevieja y el alquiler del local cuesta 630 €, cada uno tendrá que pagar 18 €, porque 630 / 35 = 18.

4. Responde, de nuevo, a la pregunta formulada en el enunciado.

Cada uno tendrá que pagar 18 €.

5. ¿Qué manera de resolver el problema te ha parecido más fácil? ¿Por qué?

Respuesta libre y abierta.

➢ Un albañil tarda seis días en construir una pared de 57,6 m², trabajando ocho horas diarias. ¿Cuántas horas al día tendría que trabajar si quiere construir otra pared de 96 m² en ocho días?

1. ¿Cuántas magnitudes intervienen en el problema? ¿Cuáles son?

Intervienen tres magnitudes: días que tarda en hacer la pared, metros cuadrados de pared y horas diarias de trabajo.

2. ¿Con cuál de ellas se corresponde la incógnita del problema?

Se corresponde con la magnitud «horas diarias de trabajo».

3. ¿Qué tipo de relación de proporcionalidad guarda esta magnitud con las otras: directa o inversa? Argumenta la respuesta.

Con la magnitud «días que tarda en hacer la pared» guarda una relación de proporcionalidad inversa, porque, cuantas más horas trabaje al día, menos días tardará en hacer la pared.

En cambio, con la magnitud «metros cuadrados de pared», tiene una relación de proporcionalidad directa, ya que, cuantas más horas trabaje al día, más metros cuadrados de pared construirá cada día.

4. Representa con la letra x la incógnita del problema y plantea una regla de tres que incluya todas las magnitudes involucradas. Deja en la última columna la magnitud correspondiente a la incógnita.

$$\begin{cases} En\ 6\ días \xrightarrow{\ construye\ } 57,6\ m^2 \xrightarrow{\ trabajando\ } 8\ horas\ diarias \\ En\ 8\ días \xrightarrow{\ construye\ } 96\ m^2 \xrightarrow{\ trabajando\ } x\ horas\ diarias \end{cases}$$

5. ¿De qué tipo de regla de tres se trata? ¿Por qué?

Se trata de una regla de tres compuesta, porque intervienen más de dos magnitudes.

6. Teniendo en cuenta la respuesta a la cuestión 3, ¿qué igualdad se obtiene a partir de la regla de tres?

Se obtiene la igualdad: $\dfrac{x}{8} = \dfrac{96}{57,6} \cdot \dfrac{6}{8}$

7. Despeja la letra x en esa igualdad y efectúa los cálculos correspondientes.

$$\frac{x}{8} = \frac{96}{57,6} \cdot \frac{6}{8} \rightarrow x = \frac{8 \cdot 96 \cdot 6}{57,6 \cdot 8} \rightarrow x = 10$$

8. Contesta a la pregunta planteada en el enunciado.

Tendría que trabajar 10 horas al día.

➤ El problema anterior también se puede resolver sin usar la regla de tres, empleando el método de «reducción a la unidad». Sigue los pasos indicados para resolver el problema por este procedimiento.

1. Teniendo en cuenta los datos del enunciado, calcula el número total de horas que invierte el albañil en construir la pared de 57,6 m². Argumenta la respuesta.

   Como tarda seis días en construirla y trabaja ocho horas diarias, en total invierte 48 horas, porque 6 · 8 = 48.

2. Entonces, ¿cuántos metros cuadrados de pared construye cada hora?

   Construye 1,2 m² de pared cada hora, pues: $\dfrac{57,6}{48} = 1,2$

3. Por otro lado, si quiere dedicar ocho días a construir una pared de 96 m², ¿cuántos metros cuadrados de pared tendrá que construir cada día?

   Tendrá que construir 12 m² de pared cada día, ya que: $\dfrac{96}{8} = 12$

4. Observa las respuestas a las dos cuestiones anteriores. ¿Qué operación hay que efectuar con ellas para calcular el número de horas que tendrá que trabajar cada día? ¿Cuál es el resultado de dicha operación?

Hay que dividir. El resultado es: $\dfrac{12}{1,2} = 10$

5. Responde, de nuevo, a la pregunta planteada en el enunciado del problema.

Tendría que trabajar 10 horas al día.

➤ En las tablas se muestra la temperatura (en °C) que hizo en una población a las distintas horas de dos días consecutivos.

Hora	0	1	2	3	4	5	6	7	8	9	10	11	12
Primer día	12	12	10	8	6	3	2	1	2	5	8	6	4
Segundo día	9	6	4	2	0	−2	0	1	1	3	5	6	8

Hora	13	14	15	16	17	18	19	20	21	22	23	24
Primer día	6	10	14	14	15	15	15	11	10	10	8	9
Segundo día	8	10	12	14	16	16	15	13	13	13	10	9

a) Elabora una gráfica conjunta de las funciones con las que se indica la temperatura que hizo cada día en esa población, dependiendo de la hora del día. Usa un color distinto para cada función, a fin de que resulte fácil diferenciarlas.

b) ¿Cuál fue la temperatura máxima del primer día? ¿Y la mínima? ¿A qué hora se alcanzó cada una de ellas?

c) ¿A qué hora del primer día estaban los charcos congelados? ¿Y del segundo? Justifica la respuesta.

d) ¿A qué hora hizo la misma temperatura los dos días?

e) ¿Podría ser que la temperatura que hizo a las 24:00 h del primer día fuera distinta de la que hizo a las 00:00 h del segundo? ¿Por qué?

f) ¿Y que fueran distintas las temperaturas de cada día a las 24:00 h? Justifica la respuesta.

g) ¿En qué momento del segundo día la temperatura fue mayor que la del día anterior a esa misma hora?

1. ¿Cuántas funciones hay que representar? ¿A qué corresponde cada una de ellas?

   Hay que representar dos funciones: la correspondiente a la temperatura del primer día, dependiendo de la hora, y la correspondiente a la del segundo día.

2. ¿Qué se quiere decir cuando se pide una «gráfica conjunta»?

   Que se representen las dos funciones usando los mismos ejes cartesianos, es decir, que se haga un solo gráfico para las dos funciones, no dos.

3. ¿Cuál es la variable independiente de estas funciones? ¿Y la variable dependiente? ¿En qué unidades se expresan?

   La variable independiente es el tiempo, que se expresa en horas; la variable dependiente es la temperatura, expresada en grados centígrados.

4. Antes de representar los pares ordenados correspondientes a cada función, conviene elegir una escala adecuada para los ejes cartesianos, a fin de que las gráficas encajen bien y haya suficiente espacio para representarlas. Teniendo en cuenta los datos de las tablas, ¿qué valores máximo y mínimo conviene tomar para la variable independiente? ¿Y para la variable dependiente? ¿Cada cuántas unidades de estas variables es aconsejable hacer una marca sobre los ejes cartesianos?

   Para la variable independiente, conviene tomar como valor mínimo el 0 y, como máximo, el 24; para la variable dependiente, el −2 y el 16, respectivamente. Es aconsejable marcar los ejes cartesianos de una en una unidad.

5. Dibuja los ejes cartesianos y calíbralos, teniendo en cuenta la respuesta a la cuestión anterior.

6. Representa los pares ordenados correspondientes a una de las funciones y únelos, formando una línea poligonal.

7. Haz lo mismo con la/s otra/s función/funciones para obtener su/s gráfica/s. Usa un color diferente para cada función.

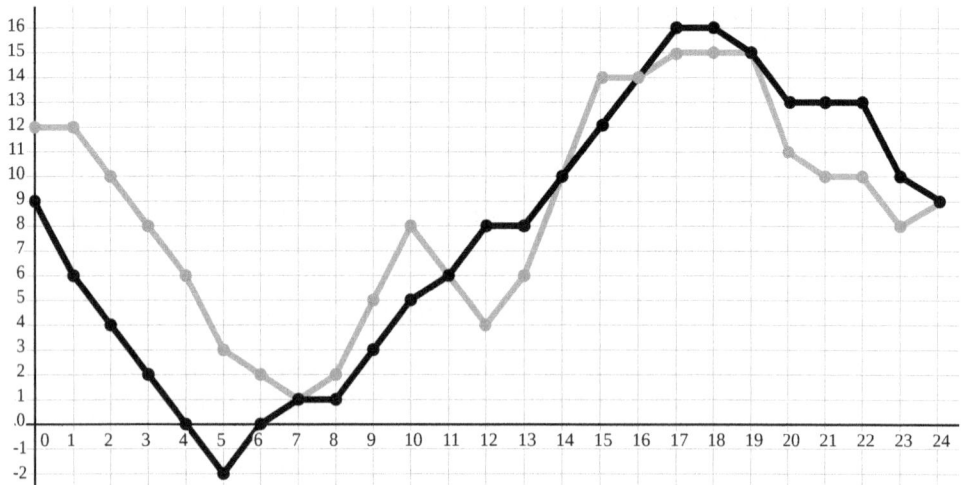

8. Revisa todos los pasos anteriores y asegúrate de que las gráficas de todas las funciones estén construidas correctamente. Ello da respuesta al apartado *a*). Marca esta casilla cuando lo hayas hecho. ☒

9. Observa la gráfica de la función con la que se indica la temperatura que hizo el primer día. ¿Cuál es su valor máximo? ¿A qué valor de la variable independiente corresponde?

   Su valor máximo es 15 y corresponde a todos los valores de la variable independiente comprendidos entre 17 y 19.

10. ¿Y su valor mínimo? ¿A qué valor de la variable independiente corresponde?

    Su valor mínimo es 1 y corresponde al valor 7 de la variable independiente.

11. Contesta a las preguntas formuladas en el apartado *b*), teniendo en cuenta las respuestas a las dos cuestiones anteriores.

    La temperatura máxima del primer día fue de 15 °C y se alcanzó durante las dos horas comprendidas entre las 5 y las 7 de la tarde. La temperatura mínima fue de 1 °C y se alcanzó a las 7 de la mañana.

12. ¿Qué tiene que ocurrir para que los charcos se congelen?

    Tiene que ocurrir que la temperatura sea menor de 0 °C.

13. Entonces, ¿en qué momento del primer día estuvieron los charcos congelados? ¿Por qué?

En el primer día, los charcos no estuvieron congelados en ningún momento, porque la temperatura no bajó de 0 ºC en todo ese día.

14. ¿Y en el segundo día? ¿En qué momento estuvieron los charcos congelados? Argumenta la respuesta.

Los charcos estuvieron congelados durante las dos horas comprendidas entre las 4 y las 6 de la madrugada del segundo día, porque a lo largo de todo ese tiempo la temperatura estuvo por debajo de 0 ºC.

Las respuestas a las dos cuestiones anteriores resuelven el apartado *c*).

15. Localiza los puntos en los que se cortan las gráficas de las funciones y escribe sus coordenadas.

Las gráficas se cortan en los puntos (7, 1), (11, 6), (14, 10), (16, 14), (19, 15) y (24, 9).

16. ¿Qué significa que las gráficas de las funciones se corten en un punto?

Significa que, a la hora correspondiente a la primera coordenada del punto, hizo la misma temperatura los dos días, siendo esta igual a la segunda coordenada del punto.

17. Resuelve el apartado *d*), teniendo en cuenta las respuestas a las dos cuestiones anteriores.

Hizo la misma temperatura los dos días a las 7 y a las 11 de la mañana; a las 2, a las 4 y a las 7 de la tarde, y a las 12 de la noche.

18. ¿Cuánto tiempo tiene que transcurrir desde las 24:00 h de un día hasta que sean las 00:00 h del día siguiente? Justifica la respuesta.

No tiene que pasar ningún tiempo, porque las 24:00 h de un día es exactamente el mismo momento que las 00:00 h del día siguiente.

19. Entonces, ¿cuál es la respuesta al apartado *e*) del problema?

No sería posible que la temperatura que hizo a las 24:00 h del primer día fuera distinta de la que hizo el segundo día a las 00:00 h, pues las dos horas indican el mismo momento, y no puede ser que hubiera dos temperaturas distintas a la vez.

20. Responde al apartado *f)* del problema.

Sí que sería posible que las temperaturas fueran distintas, pues hay una diferencia de 24 horas entre ambos momentos.

21. ¿Cómo se explica que los dos días hiciera una temperatura de 9 °C a las 24:00 h?

Simple coincidencia.

22. Observa las gráficas de las funciones. ¿En qué tramos está la gráfica correspondiente al segundo día por encima de la/s otra/s?

En los tramos 11-14, 16-19 y 19-24.

23. Contesta a la pregunta del apartado *g)*, teniendo en cuenta la respuesta a la cuestión anterior.

La temperatura del segundo día fue mayor que la del primero entre las 11 de la mañana y las 2 de la tarde, entre las 4 y las 7 de la tarde y entre las 7 de la tarde y las 12 de la noche.

➢ Se ha realizado una encuesta para conocer los hábitos de higiene dental del alumnado de 2.º de ESO. Para ello, se ha pedido a 50 estudiantes de este nivel que respondan a esta pregunta, de manera anónima: «¿Cuántas veces te has cepillado los dientes en los últimos siete días?».

1. ¿Qué significa que se responda a la pregunta de manera anónima?

Significa que la pregunta se hace de modo que no se conozca la respuesta concreta que haya dado cada persona.

2. ¿Consideras necesario que la pregunta se formule de manera anónima? ¿Por qué?

Sí es necesario, porque así es más probable que los encuestados digan la verdad, especialmente quienes se suelan cepillar los dientes con menos frecuencia de lo que se recomienda. También sirve para que no se «etiquete» a nadie.

3. ¿Cuál es la población de este estudio estadístico?

El alumnado de 2.º de ESO.

4. ¿Se ha realizado el estudio con la población completa o con una muestra? Razona la respuesta.

Se ha realizado con una muestra, porque no se ha encuestado a todos los alumnos de 2.º de ESO, sino solo a 50 de ellos.

5. ¿Cuál es la variable estadística? ¿De qué tipo es?

La variable estadística es el número de veces que se ha cepillado los dientes en los últimos siete días. Es una variable cuantitativa, porque toma valores numéricos.

6. A continuación, se muestran las respuestas que dieron los encuestados, ordenadas de manera aleatoria. ¿Es este el mejor modo de organizar los datos? Justifica la respuesta.

14, 7, 14, 21, 10, 21, 21, 0, 7, 14, 14, 14, 7, 0, 21, 14, 10,
21, 7, 14, 14, 3, 7, 14, 21, 14, 14, 21, 7, 7, 14, 0, 14, 14, 7, 21,
0, 14, 14, 7, 21, 50, 21, 14, 0, 14, 14, 21, 0, 7

No es el mejor modo de organizar los datos. Sería más adecuado hacerlo en una tabla de frecuencias absolutas y relativas. Así, además de estar ordenados de menor a mayor, estarían agrupadas las respuestas iguales y sería más fácil estudiar los datos.

7. Construye una tabla de frecuencias absolutas y relativas con los datos recogidos en la encuesta.

Número de veces que se ha cepillado los dientes en los últimos siete días	Frecuencia absoluta	Frecuencia relativa
0	6	6 / 50 = 0,12
3	1	1 / 50 = 0,02
7	10	10 / 50 = 0,2
10	2	2 / 50 = 0,04
14	19	19 / 50 = 0,38
21	11	11 / 50 = 0,22
50	1	1 / 50 = 0,02
TOTAL	50	50 / 50 = 1

8. ¿Cuál es la moda? ¿Por qué?

La moda es haberse cepillado los dientes 14 veces en los últimos siete días, porque es el dato que más veces se repite.

9. Calcula la media.

$$\overline{X} = \frac{0 \cdot 6 + 3 \cdot 1 + 7 \cdot 10 + 10 \cdot 2 + 14 \cdot 19 + 21 \cdot 11 + 50 \cdot 1}{50} = \frac{640}{50} = 12,8$$

10. Determina la mediana, indicando los pasos que se van dando.

Para determinar la mediana, en primer lugar, escribimos todos los datos ordenados de menor a mayor:

0, 0, 0, 0, 0, 0, 3, 7, 7, 7, 7, 7, 7, 7, 7, 7, 7, 10, 10, 14, 14, 14, 14, 14, 14, 14, 14, 14, 14, 14, 14, 14, 14, 14, 14, 14, 14, 14, 21, 21, 21, 21, 21, 21, 21, 21, 21, 21, 21, 50

Ahora, como se trata de un número par de datos (50), tomamos los dos centrales (14 y 14) y calculamos su media:

$$\frac{14 + 14}{2} = 14$$

Por tanto, la mediana es igual a 14.

11. Imagina que dos de estas tres medidas de centralización fueran iguales. ¿Sería posible?

Sí sería posible. De hecho, en este caso, la moda y la mediana son iguales.

12. ¿Sería posible que fueran iguales las tres? En caso afirmativo, da un ejemplo; en caso negativo, explica por qué.

Aunque en este caso no sucede, sí que sería posible que las tres medidas fueran iguales; por ejemplo, si todos los datos observados fueran iguales.

13. ¿Tendría sentido que la moda fuera un número decimal? Justifica la respuesta.

No tendría sentido, porque con la moda se indica el valor que más veces se repite, y no puede ocurrir que los encuestados se hayan cepillado los dientes una cantidad decimal de veces en los últimos siete días.

14. ¿Y que lo fuera la media?

Sí que tendría sentido, porque la media no tiene por qué ser uno de los valores que toma la variable estadística. De hecho, en este caso, la media es un número decimal.

15. ¿Cuántas veces al día, por término medio, se cepillaron los dientes los encuestados en los últimos siete días?

Para calcular este valor, hay que dividir la media entre 7, que es el número de días considerados:

$$\frac{12,8}{7} \approx 1,83$$

➤ Lorena lanza un dado con las caras numeradas del 1 al 12. ¿Cuál es la probabilidad de que el resultado sea un número primo?

1. ¿Cuántas caras tiene el dado que lanza Lorena? ¿De qué cuerpo geométrico tiene forma?

Tiene 12 caras. Tiene forma de dodecaedro.

2. ¿Cuál es el espacio muestral asociado a este experimento? ¿Cuántos sucesos elementales lo forman?

El espacio muestral es $\Omega = \{1, 2, 3, 4, 5, 6, 7, 8, 9, 10, 11, 12\}$, que está formado por 12 sucesos elementales.

3. Consideramos el suceso $A = \{El\ resultado\ del\ lanzamiento\ del\ dado\ es\ un\ número\ primo\}$. ¿Cuáles son los sucesos elementales que componen el suceso A?

> Ten en cuenta
>
> Aunque el número 1 no tiene otros divisores, no se considera un número primo.

El suceso A está formado por los números primos menores que 12. Así pues, está compuesto por los sucesos elementales 2, 3, 5, 7 y 11, es decir, $A = \{2, 3, 5, 7, 11\}$.

4. Entonces, ¿cuál es el número de casos favorables al suceso *A*?

El número de casos favorables al suceso A es 5.

5. Aplica la regla de Laplace para calcular la probabilidad del suceso *A*, teniendo en cuenta las respuestas a las cuestiones 2 y 4.

Aplicando la regla de Laplace, tenemos:

$$P(A) = \frac{\text{Número de casos favorables}}{\text{Número de casos posibles}} = \frac{5}{12}$$

6. Responde a la pregunta planteada en el enunciado.

La probabilidad de que el resultado sea un número primo es 5/12.

➢ Federico y Rosa lanzan a la vez una moneda cada uno. ¿Cuál es la probabilidad de que los dos obtengan «cara»?

1. ¿Cuántos resultados distintos pueden darse si Federico saca «cara» en su moneda? ¿Cuáles son?

Pueden darse dos resultados distintos: que Rosa saque «cara» o que Rosa saque «cruz».

2. ¿Y si Federico saca «cruz»?

También pueden darse dos resultados: que Rosa saque «cara» o que Rosa saque «cruz».

3. Entonces, ¿cuántos resultados posibles hay en total? ¿Cuáles son?

En total, hay cuatro resultados posibles: CC, CX, XC y XX.

4. ¿Tienen todos estos resultados la misma probabilidad de ocurrir o hay alguno más probable que otro? Justifica la respuesta.

Todos tienen la misma probabilidad de ocurrir, suponiendo que las monedas son normales y no están trucadas, ya que, de ser así, en cada moneda puede salir cara o cruz con la misma probabilidad.

5. Entonces, ¿se puede aplicar la regla de Laplace? ¿Por qué?

Sí que se puede aplicar, porque los sucesos elementales que forman el espacio muestral tienen la misma probabilidad de ocurrir.

6. Consideramos el suceso A = {*Los dos obtienen «cara»*}. Calcula la probabilidad del suceso A, teniendo en cuenta las respuestas a las cuestiones 3 y 5.

Aplicando la regla de Laplace, tenemos:

$$P(A) = \frac{N\acute{u}mero\,de\,casos\,favorables}{N\acute{u}mero\,de\,casos\,posibles} = \frac{1}{4}$$

7. Responde a la pregunta formulada en el enunciado.

La probabilidad de que los dos obtengan «cara» es 1/4.

➤ Paco ha olvidado el número PIN de su teléfono móvil. Sabe que está formado por las cifras 2, 4, 6 y 8, pero no recuerda en qué orden, así que las escribe al azar. ¿Cuál es la probabilidad de que Paco introduzca el PIN correcto?

1. ¿Cuántas cifras tiene el número PIN de un teléfono móvil?

Tiene cuatro cifras.

2. Imagina que Paco escribe el número 2 en la primera posición y el número 4 en la segunda. ¿Cuántos números PIN podría formar cambiando el orden del resto de las cifras? ¿Cuáles son?

Podría formar dos números PIN: 2468 y 2486.

3. ¿Y si escribe el número 2 en la primera posición y el 6 en la segunda?

También podría formar dos números PIN. En este caso, 2648 y 2684.

4. ¿Y si escribe primero el 2 y luego el 8?

Podría formar otros dos números PIN: 2846 y 2864.

5. En resumen, ¿cuántos números PIN puede formar que empiecen por 2?

Puede formar seis números PIN.

6. Actuando de la misma forma, podemos averiguar cuántos números PIN puede formar que empiecen por 4. ¿Cuántos hay? ¿Cuáles son?

Hay seis números PIN: 4268, 4286, 4628, 4682, 4826 y 4862.

PROBLEMAS RESUELTOS PARA SER UN CRACK EN MATEMÁTICAS

7. ¿Y que empiecen por 6? ¿Cuántos números PIN puede formar? ¿Cuáles son?

   Puede formar también seis números PIN: 6248, 6284, 6428, 6482, 6824 y 6842.

8. Por último, ¿cuántos números PIN puede formar que empiecen por 8? ¿Cuáles son?

   También puede formar seis números PIN: 8246, 8264, 8426, 8462, 8624 y 8642.

9. Entonces, ¿cuántos números PIN puede formar en total usando las cifras 2, 4, 6 y 8?

   Puede formar en total 24 números PIN.

10. De todos estos números PIN, ¿cuántos pueden ser correctos?

    Solo uno puede ser correcto.

11. Consideramos el suceso A = {Paco introduce el PIN correcto}. Calcula la probabilidad del suceso A, usando la regla de Laplace y teniendo en cuenta las respuestas a las dos cuestiones anteriores.

    Aplicando la regla de Laplace, resulta:

    $$P(A) = \frac{N\acute{u}mero\ de\ casos\ favorables}{N\acute{u}mero\ de\ casos\ posibles} = \frac{1}{24}$$

12. Responde a la pregunta del enunciado.

    La probabilidad de que Paco introduzca el PIN correcto es 1/24.

13. ¿Tendría sentido que se hubiera obtenido un número natural? Justifica la respuesta.

    La probabilidad de un suceso es siempre un número comprendido entre 0 y 1. Así pues, para que el resultado fuera un número natural, solo podría ser 0 o 1. Sin embargo, como la cantidad de resultados posibles es limitada (hay 24), que la probabilidad sea 0 significa que es imposible que Paco acierte el número, lo cual no es razonable; por su parte, que la probabilidad sea 1 quiere decir que Paco acierta seguro, algo que tampoco cabe esperar. Por tanto, no tendría sentido que se hubiera obtenido un número natural.

14. ¿Y que el resultado fuera negativo? ¿Por qué?

Tampoco tendría sentido, por la misma razón: la probabilidad de un suceso debe ser un número comprendido entre 0 y 1.

➤ Desde un punto *P*, situado a 7 cm de una circunferencia cuyo radio mide 2 cm, se traza una recta tangente a esta. Calcula la longitud del segmento *PT*, siendo *T* el punto de tangencia entre la recta y la circunferencia.

1. Realiza un dibujo para mostrar la situación, incluyendo los datos del enunciado. Representa el centro de la circunferencia con la letra *O* y traza el radio que va de *O* al punto *T*.

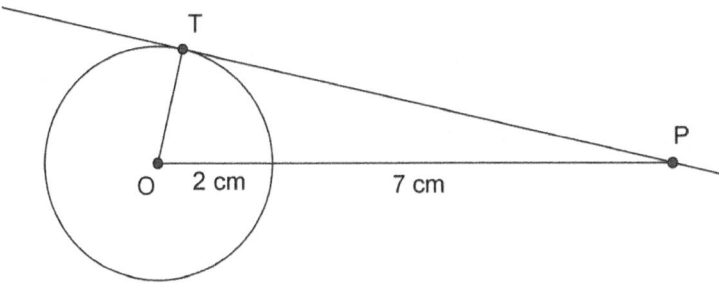

2. ¿A qué distancia del centro de la circunferencia se encuentra el punto *P*? Justifica la respuesta.

Se encuentra a 9 cm, porque P está a 7 cm de la circunferencia y su radio mide 2 cm: 7 + 2 = 9 cm

3. ¿Cómo es el ángulo que forma el radio *OT* con la recta tangente?

Es un ángulo recto.

4. Entonces, ¿de qué tipo es el triángulo cuyos vértices son los puntos *O*, *T* y *P*?

Es un triángulo rectángulo.

5. De este triángulo se conocen dos lados. ¿Cuánto miden?

Miden, respectivamente, 9 cm y 2 cm, ya que la longitud de uno es igual a la distancia entre P y O, y la del otro es igual al radio de la circunferencia.

6. ¿Qué teorema se puede utilizar para calcular el otro lado?

El teorema de Pitágoras.

7. Representa con la letra *x* el lado desconocido del triángulo y aplica el mencionado teorema para calcular su valor.

Por el teorema de Pitágoras, tenemos:

$$9^2 = 2^2 + x^2 \rightarrow x^2 = 81 - 4 \rightarrow x^2 = 77 \rightarrow x = \pm\sqrt{77} \rightarrow x \simeq \pm 8{,}77$$

Descartando la solución negativa, por ser una longitud, resulta que x ≃ 8,77 cm.

8. ¿Qué relación hay entre el valor de *x* y la longitud del segmento que se quiere calcular? Argumenta la respuesta.

Son iguales, ya que hemos llamado x precisamente a la longitud del segmento PT.

9. Contesta a la pregunta planteada en el enunciado, teniendo en cuenta la respuesta a la cuestión anterior.

La longitud del segmento PT es de 8,77 cm.

10. ¿Sería lógico que el resultado fuera un número decimal?

Sí que sería lógico, puesto que una longitud no tiene por qué ser igual a una cantidad exacta de centímetros. De hecho, en este caso, el resultado es un número decimal.

11. ¿Y que fuera un número negativo?

No sería lógico, ya que la distancia entre dos puntos distintos debe ser positiva.

➤ Inma vive en una casa de campo situada en el interior de una parcela rectangular de 38 m de ancho y 55 m de largo. Dentro de la parcela, además de la casa, hay una piscina con forma semicircular de 8 m de diámetro, una zona de aparcamiento con forma de romboide de 6 m de largo y 5 m de ancho, un merendero con forma de rombo cuyas diagonales miden, respectivamente, 3 m y 4 m y una zona de juegos con una extensión de 90 m². La planta de la vivienda ocupa una superficie de 185 m², incluyendo el porche, y se destina un total de 250 m² a caminos y senderos para la circulación de vehículos y el paseo a pie. El resto de la parcela está ocupada por jardines y árboles frutales. ¿Qué superficie ocupa la zona destinada a jardines y árboles frutales?

1. Realiza un dibujo de la parcela, incluyendo los distintos elementos que hay en su interior, sin prestar atención a su localización ni a la escala de la representación. Escribe las medidas conocidas en los lugares adecuados.

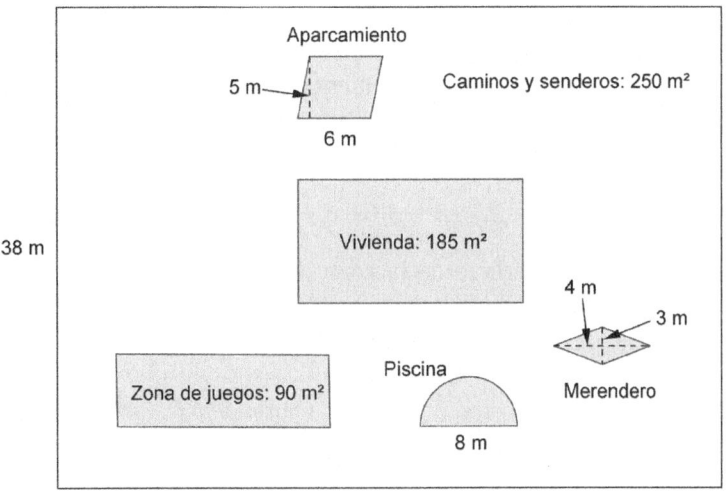

2. Calcula la superficie de cada una de las figuras que se citan en el enunciado, indicando previamente la fórmula adecuada para ello.

— *Parcela completa*

Se utiliza la fórmula del área de un rectángulo:

$$A_{PARCELA} = b \cdot h = 55 \cdot 38 = 2090 \ m^2$$

— *Piscina*

Se usa la fórmula del área de un círculo, pero se divide entre 2, por ser solo la mitad. Como el diámetro mide 8 m, el radio es r = 4 m. Así pues, tenemos:

$$A_{PISCINA} = \frac{\pi \cdot r^2}{2} = \frac{3,14 \cdot 4^2}{2} = 25,12 \ m^2$$

— *Aparcamiento*

Se emplea la fórmula del área de un romboide:

$$A_{APARCAMIENTO} = b \cdot h = 6 \cdot 5 = 30 \ m^2$$

— *Merendero*

Se aplica la fórmula del área de un rombo:

$$A_{MERENDERO} = \frac{D \cdot d}{2} = \frac{4 \cdot 3}{2} = 6 \; m^2$$

3. Determina la superficie total que ocupan todos los elementos interiores a la parcela cuyas áreas se conocen. Para ello, haz uso de las respuestas a la cuestión anterior y de los datos del enunciado.

$$A_{TOTAL} = 25,12 + 30 + 6 + 90 + 185 + 250 = 586,12 \; m^2$$

4. Halla la superficie de la zona destinada a jardines y árboles frutales, teniendo en cuenta la respuesta a la cuestión anterior y la superficie que ocupa la parcela completa.

$$A_{JARDINES \; Y \; ÁRBOLES} = A_{PARCELA} - A_{TOTAL} = 2090 - 586,12 = 1503,88 \; m^2$$

5. Contesta a la pregunta planteada.

La zona destinada a jardines y árboles frutales ocupa una superficie de 1503,88 m².

> La altura de una nave industrial es de 7 m, y su planta tiene forma de trapecio rectángulo cuyos lados paralelos están separados por 26 m y tienen una longitud de 40 m y 48 m, respectivamente. Se pretende recubrir la nave con material aislante, con un precio de 22 €/m² para las paredes, y 34 €/m² para el techo. ¿Cuál será el coste total de la instalación del material aislante?

1. Realiza un dibujo de la planta de la nave industrial e indica la longitud de los lados que se conocen. Señala con una *x* la longitud que hace falta calcular para poder hallar el perímetro de la planta de la nave. Traza con línea discontinua una altura del trapecio, de manera que pueda servir para determinar el valor de *x*, y escribe su longitud en un lugar adecuado. Escribe también la longitud del segmento que se forma «bajo» el lado oblicuo del trapecio (su proyección sobre el lado que mide 48 m).

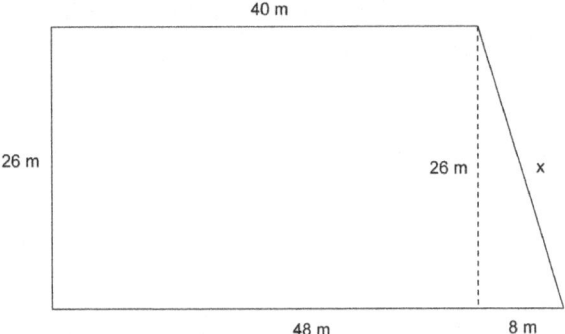

La longitud de 8 m se obtiene restando las medidas de los lados paralelos del trapecio.

2. ¿Qué teorema se puede utilizar para calcular el valor de x?

   El teorema de Pitágoras.

3. Aplica el teorema y halla el valor de x.

   Aplicando el teorema de Pitágoras, tenemos:

   $$x^2 = 26^2 + 8^2 \rightarrow x^2 = 676 + 64 \rightarrow x^2 = 740 \rightarrow x = \pm\sqrt{740} \rightarrow x \simeq \pm 27,2$$

   Descartando la solución negativa, por ser una longitud, resulta que $x \simeq 27,2$ m.

4. Calcula el perímetro de la planta de la nave industrial.

   El perímetro es: $p = 40 + 26 + 48 + 27,2 = 141,2$ m

5. Determina la superficie conjunta de las cuatro paredes de la nave industrial, teniendo en cuenta la respuesta a la cuestión anterior y el dato relativo a la altura de la nave.

   La superficie conjunta de las cuatro paredes es:

   $$S_{LATERAL} = p \cdot h = 141,2 \cdot 7 = 988,4 \ m^2$$

6. Entonces, ¿cuánto costará colocar el material aislante en las paredes de la nave?

   Costará 21 744,80 €, porque 988,4 · 22 = 21 744,8.

7. ¿Qué fórmula se puede utilizar para calcular la superficie del techo de la nave industrial?

   La fórmula del área de un trapecio:

   $$A = \frac{(B + b) \cdot h}{2}$$

8. Aplica esta fórmula y halla la superficie del techo de la nave industrial.

   $$A = \frac{(48 + 40) \cdot 26}{2} = 88 \cdot 13 = 1144 \ m^2$$

9. En consecuencia, ¿cuánto costará instalar el material aislante en el techo de la nave industrial?

   Costará 38 896 €, pues 1144 · 34 = 38 896.

10. Determina el coste total de la colocación del material aislante, teniendo en cuenta las respuestas a las cuestiones 6 y 9.

    21 744,80 + 38 896 = 60 640,80 €.

11. Responde a la pregunta planteada.

    El coste total de la instalación del material aislante será de 60 640,80 €.

➤ El contorno de una lata de refresco cilíndrica que contiene 33 cl mide 21 cm. ¿Cuáles son las dimensiones de la lata? ¿Qué superficie ocupa la lámina de aluminio con la que está fabricada?

1. ¿Qué es el contorno de una lata cilíndrica? ¿Con qué elemento geométrico del cilindro coincide su medida?

   El contorno es el borde lateral de la lata. Su medida coincide con la longitud de la circunferencia que forma la base del cilindro.

2. Realiza un dibujo en el que se muestre la lata de refresco, incluyendo los datos conocidos.

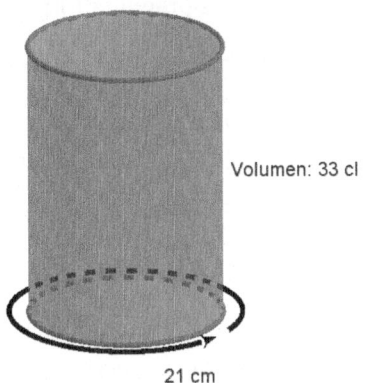

Volumen: 33 cl

21 cm

3. Teniendo en cuenta el dato relativo a la medida del contorno de la lata, ¿qué fórmula se puede utilizar para calcular el radio de la base?

Se puede utilizar la fórmula de la longitud de la circunferencia:

$$L = 2 \cdot \pi \cdot r$$

4. Sustituye los valores correspondientes en esta fórmula y determina el radio de la base. Utiliza 3,14 como aproximación del número π.

$$L = 2 \cdot \pi \cdot r \rightarrow 21 = 2 \cdot 3,14 \cdot r \rightarrow r = \frac{21}{6,28} \rightarrow r \approx 3,34$$

5. Expresa el volumen de la lata en centímetros cúbicos. Ten en cuenta que 1 L equivale a 1 dm³.

$$33 \ cl = 0,33 \ L = 0,33 \ dm^3 = 330 \ cm^3$$

6. ¿Cuál es la fórmula adecuada para calcular la altura de la lata a partir del dato anterior?

La fórmula adecuada es la del volumen del cilindro:

$$V = \pi \cdot r^2 \cdot h$$

7. Sustituye los datos oportunos en esta fórmula y halla la altura de la lata. De nuevo, utiliza 3,14 como aproximación del número π.

$$V = \pi \cdot r^2 \cdot h \rightarrow 330 = 3,14 \cdot (3,34)^2 \cdot h \rightarrow h = \frac{330}{35,03} \rightarrow h \approx 9,42$$

8. Responde a la primera pregunta formulada en el enunciado.

La lata tiene una altura de 9,42 cm y el radio de la base mide 3,34 cm.

9. ¿Qué fórmula se puede utilizar para calcular la superficie de la lámina de aluminio con que está hecha la lata?

La fórmula de la superficie total de un cilindro:

$$S_{TOTAL} = S_{LATERAL} + 2 \cdot S_{BASE} = 2 \cdot \pi \cdot r \cdot h + 2 \cdot \pi \cdot r^2$$

10. ¿Se conocen todos los datos necesarios para aplicar esta fórmula? En caso negativo, calcúlalos a partir de la información disponible.

Sí, se conocen todos los datos necesarios: el radio de la base del cilindro y su altura.

11. Sustituye los datos en la fórmula y determina la superficie pedida. Utiliza nuevamente 3,14 como aproximación del número π.

$$S_{TOTAL} = 2 \cdot 3,14 \cdot 3,34 \cdot 9,42 + 2 \cdot 3,14 \cdot (3,34)^2 = 267,64 \ cm^2$$

12. Responde a la segunda pregunta del enunciado.

La lámina de aluminio con la que está fabricada la lata ocupa una superficie de 267,64 cm².

➤ La caña de un bolígrafo de plástico tiene forma de prisma hexagonal de 133 mm de altura y 7 mm de diámetro externo. En su interior, hay un hueco cilíndrico de 4 mm de diámetro que la atraviesa longitudinalmente de un extremo a otro, que sirve para alojar la carga de tinta. ¿Qué cantidad de plástico se necesita para fabricar la caña de este bolígrafo?

1. ¿Qué es un prisma hexagonal?

Es un prisma cuya base es un hexágono (regular).

2. ¿Qué quiere decir que, en el interior de la caña del bolígrafo, hay un hueco cilíndrico que la atraviesa longitudinalmente de un extremo a otro?

Quiere decir que la caña del bolígrafo tiene un hueco desde una punta hasta la otra, con la forma de un cilindro de la misma altura que el prisma.

3. Realiza un dibujo en el que se muestre cómo es la caña del bolígrafo, teniendo en cuenta su forma y la del hueco que hay en su interior.

4. ¿Qué es el diámetro externo?

   Es el diámetro de la circunferencia circunscrita al hexágono regular que forma la base del prisma. También se puede entender como el diámetro de la base del cilindro circunscrito al prisma hexagonal.

5. ¿Qué relación hay entre el diámetro externo y el radio del polígono que forma la base del prisma?

   El diámetro externo es el doble del radio del polígono que forma la base del prisma.

6. Entonces, ¿cuánto mide el radio del polígono que forma la base del prisma?

   Mide 3,5 mm (la mitad de 7 mm).

7. Teniendo en cuenta la respuesta a la cuestión anterior, el tipo de polígono que forma la base del prisma y una propiedad que solo cumple este tipo de polígonos, indica cuánto mide su lado. Justifica la respuesta.

   Su lado mide 3,5 mm, porque se trata de un hexágono regular, que es el único polígono en el que el radio y el lado miden lo mismo.

8. ¿Cuál es la fórmula que se utiliza para calcular el área de este polígono?

   Se utiliza la fórmula: $A = \dfrac{p \cdot a}{2}$

9. Calcula uno de los datos que hay que sustituir en la fórmula anterior, teniendo en cuenta la respuesta a la cuestión 7.

El perímetro del polígono regular es: p = 6 · 3,5 = 21 mm

10. Calcula el otro dato necesario, aplicando el teorema de Pitágoras. Previamente, haz un dibujo con el que se represente la situación. Argumenta la respuesta. Redondea el resultado a cuatro cifras decimales.

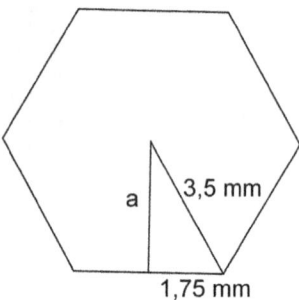

Como el radio del hexágono mide 3,5 mm, la hipotenusa del triángulo rectángulo tiene esta longitud, mientras que la medida de uno de los catetos es de 1,75 mm (la mitad del lado).

Aplicando el teorema de Pitágoras, tenemos:

$$(3,5)^2 = a^2 + (1,75)^2 \rightarrow a^2 = (3,5)^2 - (1,75)^2 \rightarrow$$

$$a^2 = 12,25 - 3,0625 \rightarrow a^2 = 9,1875 \rightarrow a = \pm\sqrt{9,1875} \rightarrow a \simeq \pm3,0311$$

Descartando la solución negativa, pues se trata de una distancia, resulta que la apotema es a ≃ 3,0311 mm.

11. Halla el área del polígono que forma la base del prisma. Conserva las cinco cifras decimales.

$$A = \frac{p \cdot a}{2} = \frac{21 \cdot 3,0311}{2} = 31,82655 \ mm^2$$

12. ¿Cuál es la fórmula del volumen de un prisma?

$$V = A_b \cdot h$$

13. Sustituye los datos en la fórmula anterior y calcula el volumen del prisma. Redondea el resultado a dos cifras decimales.

$$V = A_b \cdot h = 31,82655 \cdot 133 = 4232,93 \ mm^3$$

14. Ahora, vamos a determinar el volumen que ocuparía el cilindro que forma el hueco de la caña del bolígrafo. ¿Qué fórmula hay que utilizar?

    Hay que utilizar la fórmula: $V = \pi \cdot r^2 \cdot h$

15. ¿Se conocen todos los datos necesarios para aplicar esta fórmula? Si la respuesta es negativa, calcúlalos a partir de toda la información disponible.

    No se conocen todos los datos, pero se pueden calcular con la información disponible:

    — El radio es igual a la mitad del diámetro: $r = 4 / 2 = 2$ mm

    — La altura coincide con la del prisma: $h = 133$ mm

16. Sustituye los datos en la fórmula y calcula el volumen del cilindro. Utiliza 3,14 como aproximación del número π.

    $$V = \pi \cdot r^2 \cdot h = 3,14 \cdot 2^2 \cdot 133 = 1670,48 \ mm^3$$

17. Observa las respuestas a las cuestiones 3, 13 y 16. ¿Qué operación hay que realizar para determinar la cantidad de plástico que tiene la caña del bolígrafo?

    Hay que restar el volumen del prisma y del cilindro.

18. Efectúa esta operación.

    $$4232,93 - 1670,48 = 2562,45 \ mm^3$$

19. Finalmente, expresa el resultado anterior en centímetros cúbicos y redondea a dos cifras decimales.

    $$2562,45 \ mm^3 = 2,56245 \ cm^3 \simeq 2,56 \ cm^3$$

20. Responde a la pregunta planteada.

    Para fabricar la caña de este bolígrafo, se necesitan aproximadamente 2,56 cm^3 de plástico.

21. Imagina que se hubiera obtenido un resultado negativo. ¿Tendría sentido? ¿Por qué?

    No tendría sentido, porque la cantidad de plástico que compone un bolígrafo tiene que ser positiva.

Marcombo es una editorial especializada en libros técnicos
y científicos con más de 75 años de experiencia.

Los títulos de Marcombo están escritos por grandes especialistas
y tratan materias como Tecnología, Empresa, Instalaciones y otros temas relacionados
con las ciencias e ingenierías. Asimismo, publicamos libros sobre formación
profesional, certificados de profesionalidad y universitarios. Materias de siempre
y actuales que avalan una rigurosa y dilatada trayectoria editorial.

Tal como hemos hecho durante todos estos años, Marcombo está a su disposición
para ofrecerle las mejores obras técnicas, científicas y de formación de ayer, hoy y
siempre. Los autores, nacionales e internacionales, comparten su amplia experiencia
mostrando tutoriales de contenidos paso a paso, expertos consejos e ideas motivadoras
que reforzarán sus conocimientos. Estos libros son una valiosa herramienta
con la que potenciará notablemente sus habilidades y conocimientos técnicos.

Queremos agradecer su confianza en los libros de Marcombo.
Por eso, queremos compartir con usted diversos regalos digitales
de algunos de los temas de referencia. Puede acceder a ellos
dentro del apartado **Contenido gratuito** en
www.marcombo.com